Erfolgreich in der Probezeit

D1984558

BEWERBUNGcompact

Christian Püttjer und *Uwe Schnierda* arbeiten seit 1992 als Trainer und Berater in den Bereichen Karriere, Bewerbung und Rhetorik. Ihre Erfahrungen aus Bewerbungsmappen-Checks, Einzelberatungen und Seminaren haben sie, angereichert durch viele Tipps und Übungen, in zahlreichen Ratgebern veröffentlicht. Bei Campus erschienen von Püttjer & Schnierda unter anderem *Überzeugen mit Anschreiben und Lebenslauf*, *Die beste Bewerbungsmappe*, *Per Telefon zum neuen Job* und *Körpersprache im Assessment-Center*.

Mehr Informationen zu Coaching und Beratung durch die Autoren finden Sie auf Seite 125.

Christian Püttjer & Uwe Schnierda

Erfolgreich in der Probezeit

Campus Verlag
Frankfurt/New York

Bibliografische Information der Deutschen Bibliothek
Die Deutsche Bibliothek verzeichnet diese Publikation in der Deutschen Nationalbibliografie. Detaillierte bibliografische Daten sind im Internet über http://dnb.ddb.de abrufbar.
ISBN 3-593-37547-8

Das Werk einschließlich aller seiner Teile ist urheberrechtlich geschützt. Jede Verwertung ist ohne Zustimmung des Verlags unzulässig. Das gilt insbesondere für Vervielfältigungen, Übersetzungen, Mikroverfilmungen und die Einspeicherung und Verarbeitung in elektronischen Systemen.
Copyright © 2005 Campus Verlag GmbH, Frankfurt/Main
Umschlaggestaltung: Guido Klütsch, Köln
Satz: Publikations Atelier, Dreieich
Druck und Bindung: Druckhaus Beltz, Hemsbach
Gedruckt auf säurefreiem und chlorfrei gebleichtem Papier.
Printed in Germany

Besuchen Sie uns im Internet: www.campus.de

Inhalt

Einleitung

Gratulation: Sie haben den Sprung in Ihren neuen oder vielleicht sogar ersten Job geschafft. Nun liegt die Probezeit vor Ihnen, und wie auch bei Ihren Bewerbungsaktivitäten wollen Sie nichts dem Zufall überlassen. Schließlich möchten Sie in der Probezeit von Anfang an zeigen, was Sie können.

Es lohnt sich auf jeden Fall, sich Gedanken über den richtigen Start beim neuen Arbeitgeber zu machen, denn eine »Anstellung zur Probe auf Zeit« birgt sowohl große Chancen als auch Risiken.

Wenn Sie die anstehenden Aufgaben und Probleme geschickt angehen, können Sie bereits jetzt wichtige Weichenstellungen für Ihre weitere berufliche Entwicklung vornehmen, indem Sie zeigen, dass Sie der oder die Richtige für den Job sind, mit den neuen Kollegen gut zusammenarbeiten und Ihrem Vorgesetzten ein wertvoller Mitarbeiter sind.

Manchmal gelingt es aber auch nicht, sich in die Aufgaben hineinzufinden und sich ins Team zu integrieren, und man verspielt aus Unwissenheit das Wohlwollen, das einem zunächst entgegengebracht wird, und ruft vielleicht sogar Skepsis bei seinen Vorgesetzten und Kollegen hervor.

Aus unserer langjährigen Beratungstätigkeit wissen wir, dass die in der Probezeit auftretenden Probleme zumeist gar nicht aus einem mangelnden individuellen Leistungsvermögen resultieren, sondern vielmehr auf Anpassungsproblemen beruhen. Der oder die Neue schafft es einfach nicht, sich in die bestehenden Firmenstrukturen einzufügen.

Dieser Anpassungsprozess ist auch nicht einfach. Schließlich sind moderne Arbeitsfelder komplexer geworden, sodass man heute auf viel mehr Kollegen trifft als früher, beispielsweise durch die Einbindung in Projektteams und Arbeitsgruppen. Die Arbeitsaufgaben selbst sind vielfältiger und müssen dauernd mit anderen abgestimmt werden. Und auch die direkten Chefs stehen selbst unter einem hohen Erfolgsdruck, weil sie den Erwartungen der Geschäftsleitung gerecht werden müssen.

Daher verwundert es nicht, dass es in der Probezeit durchaus zu kritischen Rückmeldungen kommen kann, sei es anhand einzelner kritischer Bemerkungen oder ausführlicher Kritikgespräche. In ganz ungünstigen Fällen kommt es sogar zu einer Abmahnung oder Kündigung. Grob geschätzt muss man leider davon ausgehen, dass etwa jedes vierte Arbeitsverhältnis die Probezeit nicht übersteht.

Damit Sie Ihre Probezeit erfolgreich beenden können, zeigen wir Ihnen in diesem Buch, worauf Sie achten müssen, schließlich sind Sie nicht der Erste, der sich Gedanken über einen erfolgreichen Einstieg machen musste. Profitieren Sie von den zahlreichen Erfahrungen, die andere schon vor Ihnen gemacht haben: Denn schon so mancher Berufseinsteiger, Umsteiger oder Aufsteiger hatte mit Problemen und Schwierigkeiten in der Probezeit zu kämpfen, die er durch gute Strategien zur Vorbeugung und Lösungen von Problemen in den Griff bekommen hat.

Damit es bei Ihnen aber gar nicht erst zu einer Krisenstimmung kommt, werden wir Ihnen zahlreiche erprobte Tipps aus unserer Beratungspraxis geben. Lassen Sie sich zeigen, welche Hürden in der Probezeit zu überwinden sind und wie Sie sie elegant meistern.

Sie können einiges dafür tun, damit Ihr Start in den neuen Job von Anfang an gelingt. Es gibt viele Ansatzpunkte, die Ihnen dabei helfen, einen Fehlstart zu verhindern. Letztendlich ist derjenige im Vorteil, der die anderen – also die neuen Kollegen und Vorgesetzten – schnell und treffsicher einschätzen kann. Genauso wichtig ist aber auch die Fähigkeit zu einer kritischen Selbstreflexion. Die Probezeit ist zugleich berufliche Herausforderung und persönlicher Belastungstest. Deshalb ist es wichtig zu wissen, wie Sie selbst in stressigen Ausnahmesituationen reagieren, um sich rechtzeitig sinnvolle Handlungsalternativen überlegen zu können.

Indem Sie rechtzeitig vorbeugen, verhindern Sie, in unangenehme Situationen hineinzustolpern und den Ereignissen passiv ausgeliefert zu sein. Nehmen Sie Ihr berufliches Schicksal lieber selbst in die Hand, und nutzen Sie die Chance, sich von Anfang an als umgänglicher, zuverlässiger und kompetenter Mitarbeiter zu zeigen.

Die Probezeit mit der Püttjer & Schnierda-Profil-Methode

Im Bewerbungsmarathon um eine neue Stelle haben Sie einen ersten Etappensieg errungen. Nun liegt die Probezeit vor Ihnen, die eigentlich einer zweiten Bewerbungsphase von üblicherweise sechs Monaten Dauer entspricht.

Neue Mitarbeiter ohne Profil, die darauf warten, »entdeckt« zu werden, machen es sich und der Firma unnötig schwer, zueinan-

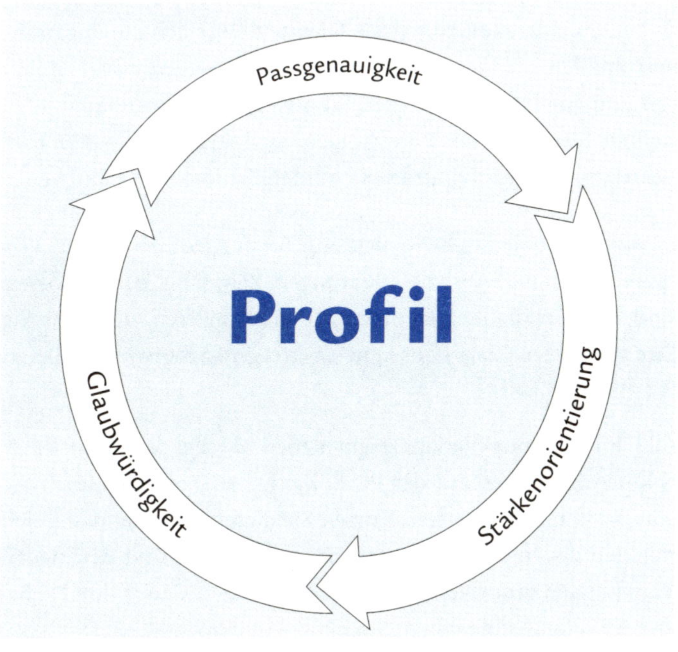

der zu finden. Machen Sie es besser: Sie werden Ihre Probezeit erfolgreich meistern, wenn Sie gegenüber den neuen Kollegen und dem neuen Chef mit einem klaren Profil auftreten.

Die Profil-Methode, die wir dazu in unserer über 15-jährigen Beratungspraxis entwickelt haben, hat schon vielen Bewerbern zu mehr Erfolg verholfen (www.karriereakademie.de).

Drei Kernelemente kennzeichnen die Profil-Methode: Punkten Sie mit einem passgenauen Auftritt, vermitteln Sie Ihre Stärken, und treten Sie glaubwürdig auf.

1. Passgenauigkeit Machen Sie sich den Blick Ihrer neuen Kollegen und Vorgesetzten zu eigen und zeigen Sie in der Probezeit, dass Sie die speziellen Anforderungen der neuen Stelle erfüllen. So wird Ihr Auftritt von Anfang an passgenau.

2. Stärkenorientierung Niemand lässt sich durch Krisen- und Problemschilderungen von etwas überzeugen - auch Kollegen und Chefs nicht! Machen Sie sich nicht unnötig klein, verzichten Sie auf Selbstabwertungen, und stellen Sie lieber Ihre Vorzüge in den Mittelpunkt. So werden Ihre Stärken sichtbar.

3. Glaubwürdigkeit Belassen Sie es nicht bei bloßen Versprechungen und Absichtserklärungen. Zeigen Sie, dass Sie bereit sind, sich für die Firmeninteressen zu engagieren, und dass Sie Ihre gesteckten Ziele konsequent verfolgen. So gewinnen Sie an Glaubwürdigkeit.

Alle im Campus Verlag erschienenen Bücher von Püttjer & Schnierda basieren auf der Profil-Methode. Profitieren auch Sie vom Wissen der Experten. Nutzen Sie diesen Ratgeber dazu, sich mit den neuen Aufgaben, den neuen Kollegen und den neuen Vorgesetzten gründlich auseinander zu setzen, damit Ihre Probezeit ein voller Erfolg wird.

1

Der neue Job – zwischen Euphorie und Unsicherheit

So groß die Freude über den neuen Job ist, es entstehen doch Unsicherheiten und Zweifel, ob es einem gelingen wird, sich gut in das neue Arbeitsumfeld zu integrieren. Die Rollenverteilung ist schließlich vorgegeben: Sie sind der Neue, und die anderen sind die Alten.

Es ist nie ganz leicht, sich in eine bereits bestehende Gruppe einzufügen. Außerdem stehen Sie von Anfang an unter Leistungsdruck, denn Sie wissen, dass Sie die Stelle nur behalten, wenn Sie mit den neuen Aufgaben gut zurechtkommen.

Aber nicht nur die fachliche Herausforderung ist zu meistern. Es gilt, einen guten Draht zu den neuen Kollegen aufzubauen und den neuen Chef von den eigenen Qualitäten zu überzeugen.

Um sich in die neue Umgebung erfolgreich einfügen zu können, ist es wichtig, zum einen die Charaktere der Kollegen und zum anderen die eigene Persönlichkeit zu kennen, damit Sie auf die vielfältigen Herausforderungen richtig reagieren können. Schließlich hat jeder Mensch im Umgang mit anderen so seine Besonderheiten. Und die werden immer dann deutlich, wenn die ersten Bewährungsproben im neuen Team anstehen.

Lust und Frust

Abgesehen von wenigen Zeitgenossen, die Nerven wie Drahtseile haben und durch nichts zu erschüttern sind, wird die Situation, als Neuer auf eine eingespielte Gruppe zu stoßen, eher als belastende Bewährungsprobe denn als lustvolle Herausforderung empfunden.

Natürlich ist die Freude über den neuen Job zunächst riesig, schließlich hat es lange genug gedauert, bis Sie Ihren Bewerbungsmarathon erfolgreich beenden konnten. Der neue Arbeitsvertrag gibt Ihnen einen verdienten Ausgleich für all die Absagen, die Sie zuvor von anderen Firmen hinnehmen mussten.

Endlich ist Schluss mit dem mulmigen Gefühl, wenn Sie den Briefkasten öffnen. Künftig wird es keine zurückgeschickten Bewerbungsmappen inklusive beigefügter Standardabsage mehr für Sie geben, und die schlaflosen Nächte vor Vorstellungsgesprächen gehören jetzt glücklicherweise der Vergangenheit an!

Aber noch haben Sie nicht alle Klippen umfahren, und so hält die Realität mit ihren Unwägbarkeiten wieder Einzug, sobald Sie Ihren Bewerbungserfolg gebührend gefeiert haben. Am eben noch strahlenden Horizont des Erfolges werden die ersten Unsicherheiten und Zweifel sichtbar.

Es beginnt mit unverfänglichen Gedanken darüber, wie der erste Tag im neuen Job wohl verlaufen wird. Dann tauchen immer mehr Fragen auf: Werde ich mit den neuen Aufgaben zurechtkommen? Werden sich die neuen Kollegen mir gegenüber fair verhalten? Und wird mir der neue Vorgesetzte die »Schonzeit« geben, die ich brauche?

Je näher der Tag der Wahrheit, Ihr erster Arbeitstag, rückt, desto mehr kommen Sie ins Grübeln. Obwohl Sie eigentlich wissen, dass Sie die Aufgaben bewältigen können, bleibt doch die Ungewissheit, wie man mit den Vorgesetzten und Kollegen zurechtkommen wird – schließlich ist der »Faktor Mensch« unberechenbar. Und vor allem die, die in einer ähnlichen Situation schon schlechte Erfahrungen gemacht haben, werden die Befürchtung nicht los, dass wieder so einiges schief laufen könnte.

Das neue Umfeld

Als Neuling auf eine festgefügte Gruppe zu treffen ist generell schwierig. Man will und muss sich einfügen, ist dabei aber auf das Wohlwollen der Kollegen angewiesen, und die sind nicht immer allen Neuen gegenüber positiv eingestellt. In eine neue Gruppe hineinzuwachsen ist in der Regel kein reibungsloser Prozess, es entstehen oft stressige Situationen, ohne dass man weiß, warum.

Wer schon einmal Tierfilme oder -dokumentationen gesehen hat, weiß, dass die Aufnahme in ein fremdes Rudel meist mit Kämpfen verbunden ist, doch auch nach der Aufnahme eines neuen Rudelmitgliedes gibt es noch viel »Abstimmungsbedarf«. Welchen Platz in der Hierarchie darf der Neuling einnehmen? Wann darf er fressen? Welche Rolle wird ihm bei der Jagd zugewiesen? Und wie weit darf er sich dem Rudelführer nähern?

Bis der Platz in der Hierarchie gefestigt ist, beschnuppert man sich, schleicht umeinander herum und misst die Kräfte. Manchmal mit eingezogenen Krallen, manchmal mit gefletschten Zähnen.

Glücklicherweise hat der Mensch in seiner Evolution Alternativen zum Kampf entwickelt, mit denen man sich in einer fremden Gruppe einfügt, dennoch ist die Situation vergleichbar: Jeder Neueinstieg ist eine Bewährungsprobe, die gemeistert werden muss. Auch der Mensch muss seinen Platz im »Abteilungsrudel« erst erkämpfen.

▶ **Das sollten Sie sich merken:** Es gibt sehr viele Situationen, die einen Neuen auf die Probe stellen. Diesen Tests können Sie nicht aus dem Weg gehen. Sie müssen sich ihnen stellen!

Trifft man im beruflichen Umfeld auf einen vereinnahmenden Menschen, muss man den nötigen Abstand wahren, ohne ihn vor den Kopf zu stoßen. Sehr distanzierte Chefs oder Kollegen wollen durch Leistung überzeugt werden, bevor sie Ihnen zeigen, dass sie Sie akzeptieren und schätzen. Hinterlistige Absichten müssen beizeiten erkannt und ausgebremst werden. Aber auch im Umgang mit wohlwollenden Kollegen müssen Sie das richtige Verhältnis von Leistung und Gegenleistung erst herstellen, bevor Sie sich wirklich auf sie verlassen können.

Doch nicht nur der direkte Umgang mit den Kollegen hält viele Fallstricke bereit, Sie müssen auch die unausgesprochenen Regeln und eingeschliffenen Abläufe, die so genannten Abteilungsrituale, erkunden und berücksichtigen. Hier kann sich ein Neuer schnell zum Außenseiter machen, wenn er gegen diese Verhaltensregeln verstößt – dass es sich dabei nicht um bösen Willen handelt, hilft meist nicht weiter.

Schon so manchem wurde ein Dämpfer verpasst, nur weil er sich in der Kantine auf den angestammten Platz eines altgedienten Kollegen gesetzt hat. Das persönliche Verhältnis zu Kollegen kann tief getrübt werden, wenn Sie sie in Entscheidungsprozessen aus Unwissenheit übergehen, und selbst ein Missachten der Parkplatzhierarchie kann Anlass für Reibereien sein, die das produktive Miteinander beeinträchtigen.

Alle diese vermeintlichen Kleinigkeiten können sich für Sie sehr negativ auswirken, denn die erste Zeit am neuen Arbeitsplatz ist ein von allen Seiten kritisch beäugter Testmarathon. Die ersten Tage sind gekennzeichnet durch gegenseitiges Abtasten und Beschnuppern. Jeder der neuen Kollegen möchte herausbekommen, wie er Sie einschätzen muss, jeder Mitarbeiter will wissen, mit wem er es zu tun hat, und für Ihren neuen Chef ist es wichtig zu wissen, wie er Sie am besten einsetzen kann. Daher lohnt es sich für Sie, sich auf den Testlauf Probezeit intensiv vorzubereiten. Schließlich werden in der Anfangsphase wichtige Weichen gestellt, die sich später nur noch schwer wieder umlegen lassen.

Mit diesem Buch bereiten Sie sich intensiv auf die kommenden Herausforderungen vor. In dem Kapitel *Selbsterkenntnis bringt Sie weiter* (2) beschäftigen wir uns damit, was Sie bereits *vor Antritt* Ihrer neuen Stelle tun können, um sich bestmöglich vorzubereiten. Sie sollten sich unbedingt damit auseinander setzen, zu welchen Verhaltensweisen Sie unter Stress und Anspannung neigen. Dieses Wissen ist wichtig, damit Sie die Knackpunkte im persönlichen Umgang erkennen und soweit wie möglich verhindern beziehungsweise entschärfen können.

Ebenso wichtig ist, dass Sie sich ehrlich fragen und beantworten, was Ihre Ziele in der Probezeit sind. Möchten Sie sich als engagierter, zuverlässiger Mitarbeiter einführen, oder wollen Sie beruflich schnell weiterkommen und aufsteigen? Wie zentral ist Ihre Arbeit für Sie, und wie sehen Sie das Verhältnis von Arbeit und Freizeit? Je nachdem wie Ihre Antworten auf diese Fragen ausfallen, verändert sich auch Ihr Auftreten und Ihre Herangehensweise an Ihre zukünftige Stelle. Im Kapitel *Was sind Ihre Ziele?* (3) lesen Sie, wie Sie Ihre gesetzten Ziele möglichst gut und schnell erreichen.

Im Anschluss beschäftigen wir uns dann mit Ihrer Zeit im neuen Job. Besonders stressig und aufregend ist natürlich *Der erste Tag* (4), deshalb widmen wir ihm ein ganzes Kapitel. Dann wenden wir uns systematisch Ihren Arbeitsbedingungen zu: *Die neuen Aufgaben* (5), *Die neuen Kollegen* (6) und natürlich *Der neue Chef* (7).

Alles Neue bringt mitunter Probleme mit sich – so auch die Probezeit –, wie Sie mit diesen Schwierigkeiten und Krisen am besten umgehen, lesen Sie in den Kapiteln *Kritik bringt Sie weiter* (8) und *Wenn die Zweifel überhand nehmen* (9).

Wenn Ihre Probezeit schließlich zu Ende geht und Sie alle Herausforderungen souverän gelöst haben, ist es an der Zeit, auf die letzten Monate zurückzublicken und ein Resümee zu ziehen. In dem Kapitel *Am Ende der Probezeit* (10) zeigen wir Ihnen, worauf es ankommt. Lassen Sie diesen Moment auf keinen Fall einfach verstreichen, nutzen Sie ihn zur Reflexion und ziehen Sie Bilanz. Anschließend können Sie sich zurücklehnen und den Moment genießen: Sie haben alle Hürden auf Ihrem Weg genommen und sind am Ziel angekommen: »Herzlichen Glückwunsch!«

2

Selbsterkenntnis bringt Sie weiter

Paradiesische Zustände herrschen im harten Berufsalltag leider nur selten. Natürlich kommt es vor, dass sich in der Probezeit alles von alleine zusammenfügt. Dann stimmt die Chemie, weil Neueinsteiger auf Kollegen und Chefs treffen, mit denen sie einfach gut können. Aber dass es in der Probezeit von Anfang an rund läuft, ist leider nicht die Regel, sondern die Ausnahme.

Was Sie tun können, um Ihre Probezeit erfolgreich zu gestalten, hängt neben den Eigenarten der Chefs und Kollegen natürlich auch von Ihren persönlichen Eigenarten ab, denn jeder hat seine eigene Methode, auf andere zuzugehen.

Welcher Typ sind Sie?

Bei allen individuellen Unterschieden findet man im beruflichen Alltag immer wieder bestimmte Typen von Mitarbeitern. Nach unserer Erfahrung lassen sich die folgenden sieben Typen von Neueinsteigern unterscheiden:

- Der Unbedarfte
- Der Distanzlose
- Der Pedant
- Der Sensible
- Der Sozialarbeiter
- Der Aufbrausende
- Der Einsiedler

Machen Sie nun den folgenden Test und finden Sie heraus, zu welchem der sieben Typen Sie gehören. Im Anschluss erläutern wir Ihnen die einzelnen Charaktere im Detail. Wir zeigen Ihnen, wie das jeweilige Auftreten und Verhalten auf die Vorgesetzten und Kollegen wirkt, und anschließend, wie Sie typgerecht am besten auf einzelne Situationen reagieren.

☑ Zu welchem Verhalten neigen Sie?

Handle ich zu unbedarft?

- [ ] Bin ich der Überzeugung, dass sich bei der Lösung beruflicher Aufgaben gute Argumente von allein durchsetzen werden?
- [ ] Kommt im Arbeitsleben derjenige weiter, der fachlich die beste Arbeit macht?
- [x] Stören mich Kollegen, die bei jeder Gelegenheit betonen, dass es ohne sie eigentlich nicht geht?
- [ ] Löst der Gedanke an aktives Selbstmarketing bei mir Befremden aus?
- [x] Vertraue ich immer erst einmal auf den korrekten Dienstweg?
- [ ] Fällt es mir schwer zu durchschauen, wie informelle Entscheidungen in meinem Unternehmen gefällt werden?
- [ ] Habe ich Probleme damit, Kollegen gegenüber meine Wertschätzung glaubhaft auszudrücken?
- [ ] Frage ich Kollegen grundsätzlich nicht nach privaten Dingen?
- [ ] Vermeide ich es, Kollegen gezielt nach Informationen zu fragen, die nicht allen zugänglich sind?

- ☐ Fällt es mir schwer einen Sachverhalt einzuschätzen und zu beurteilen, bevor ich nicht sämtliche Fakten kenne?
- ☐ Wurde ich von Vorgesetzten schon öfter wegen Entscheidungsschwäche kritisiert?

Geht mir manchmal die Distanz verloren?

- ☐ Ist es für mich unvorstellbar, in der Kantine alleine zu sitzen?
- ☐ Löst die Vorstellung, meine Freizeit ohne Freunde zu verbringen, bei mir Panik aus?
- ☐ Ist schweigsames Miteinander für mich ein Albtraum?
- ☐ Habe ich manchmal das Gefühl, das andere mir ausweichen?
- ☐ Beginne ich Gespräche stets als Erster?
- ☐ Fällt es mir schwer, Gespräche von mir aus zu beenden?
- ☐ Spreche ich auch mit mir weniger bekannten Menschen gerne über private Themen?
- ☐ Sind mir Menschen, denen man jede Information förmlich aus der Nase ziehen muss, ein Gräuel?
- ☐ Nehme ich im persönlichen Miteinander keine Rücksicht darauf, welche berufliche Position mein Gesprächspartner innehat?
- ☐ Erzähle ich gerne allen alles?
- ☐ Suche ich beim Gespräch die körperliche Nähe zu anderen?

Bin ich zu pedantisch?

- ☐ Bringe ich es nicht über das Herz, eine Aufgabe auch einmal nur 90-prozentig zu lösen?
- ☐ Weise ich Kollegen sofort auf Fehler in ihrer Arbeit hin?
- ☐ Gilt für mich Genauigkeit beim Arbeiten bis zur richtigen Kommasetzung?
- ☐ Bin ich detailverliebt?
- ☐ Gibt es für mich nur eine einzige richtige Art, Aufgaben zu lösen?
- ☐ Steht der Beruf für mich an erster Stelle?
- ☐ Habe ich schon einmal Termine deswegen nicht einhalten können, weil es noch ungeklärte Fakten gab?
- ☐ Ist eine korrekte Einhaltung der Arbeitsabläufe für mich oberstes Gebot?
- ☐ Sind Regeln für mich da, um sie zu befolgen, und nicht, um sie zu hinterfragen?
- ☐ Sind mir laxe Chefs ein Gräuel?
- ☐ Finde ich es wichtiger, dass Vorgesetzte mehr kontrollieren als motivieren?

Bin ich zu sensibel?

- ☐ Bringen mich persönliche Spannungen schnell aus dem Konzept?
- ☐ Fällt es mir schwer, meine Arbeit zu erledigen, wenn Spannungen in der Abteilung bestehen?
- ☐ Ist mir ein harmonisches Miteinander das Wichtigste im Beruf?

- ☐ Regen mich auch kleine Ungerechtigkeiten übermäßig auf?
- ☐ Ist Kritik ein unnötiges Übel, das so weit wie möglich vermieden werden sollte?
- ☐ Nehme ich Kritik als persönliche Anfeindung wahr?
- ☐ Gebe ich bei Streitereien stets als Erster nach?
- ☐ Sollten Menschen immer danach streben, nett zueinander zu sein?
- ☐ Ziehe ich mich zurück, wenn ich mich ungerecht behandelt fühle?
- ☐ Ist mir wohlwollende Unterstützung durch die Kollegen sehr wichtig?
- ☐ Brauche ich regelmäßig Lob und Anerkennung vom Chef?

Reibe ich mich in Sozialarbeit auf?

- ☐ Besteht Arbeit für mich nicht allein aus der Bewältigung beruflicher Aufgaben?
- ☐ Halte ich es für meine Pflicht, Schwachen beizustehen?
- ☐ Habe ich immer ein offenes Ohr für Probleme und Krisenschilderungen?
- ☐ Prangere ich Missstände auch offen an?
- ☐ Führe ich gerne lange Gespräche über Beziehungskrisen, Krankheiten oder Erziehungsprobleme?
- ☐ Pflichte ich meinen Kollegen schnell bei, wenn sie sich bei mir über etwas beschweren?
- ☐ Gehen Firmen viel zu wenig auf die persönlichen Schwierigkeiten ihrer Mitarbeiter ein?
- ☐ Muss bei Ungerechtigkeiten sofort gehandelt werden?

- ☐ Neigen alle anderen Kollegen stets dazu, Probleme unter den Teppich zu kehren?
- ☐ Stört es mich, wenn Chefs nicht 100-prozentig dem Gerechtigkeitsgedanken verpflichtet sind?
- ☐ Bin ich persönlich von Chefs oder Kollegen enttäuscht, die sich nicht mit mir für bessere Verhältnisse engagieren?

Neige ich zum Aufbrausen?

- ☐ Geht mit mir manchmal das Temperament durch?
- ☐ Fällt es mir schwer, mich in andere hineinzuversetzen?
- ☐ Tut es mir öfter leid, dass ich andere vor den Kopf gestoßen habe?
- ☐ Bin ich umgeben von Blockierern, Verhinderern und Langweilern?
- ☐ Beziehe ich gerne klar und deutlich Stellung?
- ☐ Ist diplomatisches Taktieren für mich ein Irrweg?
- ☐ Gibt es für mich nur Freund oder Feind?
- ☐ Reiße ich gerne Dinge an mich?
- ☐ Fällt es mir schwer, mit Kompromissen zu leben?
- ☐ Ist natürliche Autorität eine Voraussetzung für Führungsaufgaben?

Ziehe ich mich in die Einsiedelei zurück?

- ☐ Sind mir langwierige Abstimmungen mit Kollegen zuwider?
- ☐ Vergrabe ich mich häufig in meiner Arbeit?

- ☐ Gehe ich Konflikten aus dem Weg?
- ☐ Fühle ich mich am wohlsten, wenn ich in Ruhe meine Arbeit machen kann?
- ☐ Vermeide ich es, mich in den Pausen zu meinen Kollegen zu setzen?
- ☐ Habe ich manchmal das Gefühl, dass ich in der Abteilung das »Mädchen für alles« bin?
- ☐ Trenne ich strikt Berufliches von Privatem?
- ☐ Sind mir die persönlichen Vorlieben meiner Kollegen herzlich egal?
- ☐ Versuche ich, mich um Betriebsfeiern und Abteilungsausflüge zu drücken?
- ☐ Habe ich das Gefühl, dass mir mehr Arbeit aufgehalst wird als anderen?
- ☐ Ist es schon vorgekommen, dass Kollegen Ideen von mir als ihre eigenen präsentiert haben?

Wenn Sie in einem der sieben Blöcke überwiegend mit »Ja« geantwortet haben, dann tendieren Sie zu diesem Typ und zeigen mit aller Wahrscheinlichkeit auch die für diesen Typ charakteristischen Verhaltensmuster. Selbstverständlich gibt es auch Mischformen. Haben Sie in zwei oder mehreren Blöcken überwiegend mit »Ja« geantwortet, dann vereinen Sie von all diesen Typen Elemente in sich. Es handelt sich bei diesen Charakterisierungen nicht um einen Persönlichkeitstest, aber Sie erhalten mit Ihrer Selbsteinschätzung eine gute Vorstellung davon, wie Sie in Belastungssituationen auf andere wirken. Lesen Sie sich deshalb die folgende Typologie gut durch. Erkennen Sie sich wieder?

Der Unbedarfte: Unbedarfte Neulinge sind gar nicht so selten. Gerade Berufseinsteiger, die frisch von der Hochschule kommen, sind meist nicht mit den Ritualen und ungeschriebenen Gesetzen am Arbeitsplatz vertraut. Sie hoffen, sich mit fachlichem Können, sachlicher Analyse und schlüssiger Argumentation Anerkennung zu verschaffen. Der Gedanke, ihre Beziehungen zu Kollegen aktiv zu gestalten, ist ihnen meist völlig neu. Das hat häufig zur Konsequenz, dass sie ihre Arbeitsergebnisse nicht durchsetzen können, da sie es nicht geschafft haben, einen persönlichen Draht zu den Kollegen aufzubauen. Auch die informellen Wege in einer Firma werden ihnen erst bewusst, nachdem sie auf dem Dienstweg mehrmals gescheitert sind. Bei Ihren Chefs geraten sie schnell auf gefährliches Terrain, falls diese sich selbst als ausdrückliche Praktiker verstehen. Dann kollidiert nämlich der wissenschaftliche Anspruch mit dem Sinn fürs Machbare.

Der Distanzlose: Distanzlose Zeitgenossen haben zwar keine Scheu vor anderen Menschen, Sie leiden aber darunter, dass ihre Zuneigung, die sie anderen offenherzig entgegenbringen, nur zum Teil erwidert wird. Ihr Vorgehen, auf jeden neuen Menschen mit einer überschwänglichen Umarmung loszustürmen, ist kontraproduktiv. Der Versuch, schnell mit allem und jedem gut Freund zu werden, ist von vornherein zum Scheitern verurteilt, da sich die Kollegen von distanzlosen Einsteigern bewusst distanzieren. Es kann dann passieren, dass ein neuer Mitarbeiter, der sich zu schnell integrieren wollte, als Außenseiter dasteht. Generell laufen Distanzlose immer Gefahr, von wichtigen Informationswegen abgeschnitten zu werden, da sie niemand in seiner Nähe haben möchte. Auch gegenüber Chefs ist dieser Mangel an Distanz extrem gefährlich, weil sie vermuten werden, dass der Neue mit seiner einnehmenden Art Hierarchieunterschiede einebnen will. In der Folge werden sich Vorgesetzte ihm gegenüber strenger und härter verhalten als notwendig.

Der Pedant: Pedantisches Verhalten ist ein zweischneidiges Schwert. Chefs und Kollegen werden es durchaus schätzen, wenn sie einen neuen Mitarbeiter in ihren Reihen aufnehmen können, der sorgfältig und genau arbeitet, aber leider ist auch die Versuchung groß, den neuen Mitarbeiter mit genau den Aufgaben zu betrauen, die nur wenig Ansprüche an Kreativität und Innovation stellen. Somit besteht die Gefahr, dass man in der Probezeit zwar akzeptiert wird, aber in der Firma nicht weiterkommt. Schwierig wird es auch, wenn übergenaues Arbeiten mit der Einhaltung von Fristen und Terminen kollidiert. Chefs ist es üblicherweise wichtiger, ein 90-prozentiges Ergebnis in der vorgegebenen Zeit zu haben, als ein 110-prozentiges Ergebnis, das nicht rechtzeitig eintrifft. Da Pedanten oft dazu neigen, andere wegen einer in ihren Augen zu laxen Arbeitsweise zu kritisieren, haben sie es schwer im Kollegenkreis. Die kritisierten Kollegen werden sich die Gelegenheit zum Gegenschlag nicht nehmen lassen, sobald sie sich ihnen bietet. Ebenfalls ungünstig ist es, wenn sie ihre Pedanterie damit begründen, alles genauso machen zu müssen wie am alten Arbeitsplatz.

Der Sensible: Der Sensible macht es eher sich selbst als anderen schwer. Nicht jede direkte Anweisung, jede kritische Rückmeldung oder jedes harsche Wort im Berufsalltag ist wirklich böse gemeint. Gerade wer als Neueinsteiger in eine Phase der Umstrukturierung, in eine stressige Branche oder gleich in ein strategisch wichtiges Projekt kommt, muss damit rechnen, dass bei seinen Chefs und Kollegen die Nerven gelegentlich blank liegen. Wer sich dann sofort in die Schmollecke zurückzieht, kann nicht erwarten, von Kollegen wieder herausgeholt zu werden. Chefs werden diesen Rückzug im günstigsten Fall als mangelnde Belastbarkeit, vielleicht aber auch als fehlende Einsatzbereitschaft werten. Die Probezeit steht dann unter einem schlechten Stern. Bei den Kollegen ist es leider manchmal so, dass sie gerade die sensiblen Neueinsteiger zur beliebten Zielscheibe von Spott und Späßen machen. Unter diesen Voraussetzungen wird es aber sehr schwer, in der Probezeit zum gleichberechtigten Teammitglied zu werden.

Der Sozialarbeiter: Der Sozialarbeiter wäre der ideale Kollege für den Sensiblen. Als Neue haben Sozialarbeiter allerdings einen schweren Stand. Wie ein Magnet ziehen sie alle Problembeladenen an: Sie haben immer ein offenes Ohr für Schwierigkeiten, zeigen Verständnis für alles und neigen dazu, allzu unkritisch auf der Seite der ihrer Meinung nach Schwachen und Entrechteten zu stehen. Mit diesem Verhalten reißen sie im Kollegenkreis oft einen Graben auf, weil sie sich konsequent auf die Seite derer stellen, die stets nur Probleme und Schwierigkeiten thematisieren. Aus dieser Position heraus ist es schwer, sich als Macher mit einer aktiven und konstruktiven Ausstrahlung zu präsentieren. Chefs werden das Geschehen kritisch beäugen, denn sie werden befürchten, dass ein guter Teil der Arbeit liegen bleibt. Und sie werden womöglich zu dem Schluss kommen, dass sie einen Revoluzzer gegen die bestehenden Verhältnisse in den eigenen Reihen haben, was negativ bewertet würde.

Der Aufbrausende: Wenn der Aufbrausende es geschafft hat, sein lebendiges Temperament so weit zu zügeln, dass er das Bewerbungsverfahren überstanden hat, stehen auch seine Chancen gut, die Probezeit in den Griff zu bekommen. Es gibt durchaus Arbeitsfelder in denen Schnelligkeit, Temperament und Biss gefragt sind. Problematisch wird es aber, wenn der Aufbrausende Kollegen und Chefs vor den Kopf stößt. Im fordernden Arbeitsalltag wird zwar nicht jedes Wort auf die Goldwaage gelegt, eine gewisse Teamfähigkeit sollte aber erkennbar sein. Manchmal schafft es der Aufbrausende, sein Arbeitsfeld so zu dominieren, dass alles nach seiner Pfeife tanzt. Dann akzeptiert sein Umfeld zähneknirschend, dass er sich einfach besser durchsetzen kann. Aber wehe, es tauchen Schwierigkeiten auf, dann wird der Aufbrausende, der sich stets in den Vordergrund geschoben hat, nämlich schnell zum Sündenbock gestempelt. Auch Chefs haben mit Aufbrausenden so ihre Probleme. Sie werden schnell versuchen, den Aufbrausenden in seine Schranken zu verweisen, um ihren Führungsanspruch zu dokumentieren.

Der Einsiedler: Von Anfang an zieht sich der Einsiedler zurück, er macht zwar seine Arbeit, aber er pflegt keine privaten Kontakte mit den Kollegen. Damit manövriert sich der Neue unnötig in die Position des Außenseiters. Das ist gefährlich, weil sich die Kollegen herausgefordert fühlen werden, eine Reaktion zu provozieren. In der Folge wird der Einsiedler mit unangenehmen und umfangreichen Aufgaben überschüttet. Auch kleine Sticheleien oder Provokationen auf Kosten des Einsiedlers bleiben in dieser Situation nicht aus. Trotz des sehr hohen Arbeitseinsatzes, den der Einsiedler oft leistet, bleibt ihm die Anerkennung im Kollegenkreis versagt, und Chefs bekommen von dem besonderen Engagement des Einsiedlers oft gar nichts mit, da die Kollegen seine Arbeitsergebnisse gerne als eigene präsentieren. Bemerkt der Vorgesetzte letztendlich doch, was der Einsiedler leistet, wird er ihn in seiner Abteilung festketten. Der Aufstieg wird dem Einsiedler verwehrt bleiben, stattdessen wird man ihn als Arbeitstier an der kurzen Leine halten.

Die Typologie ist von uns natürlich bewusst überzeichnet worden. Sie liefert aber Hinweise darauf, wo typische Probleme in der Probezeit liegen können. Viele Neueinsteiger bemühen sich darum, in der Probezeit möglichst wenig aufzufallen, und häufig funktioniert das auch. Allerdings verläuft die Probezeit meist nicht von Anfang bis Ende problemlos, die eine oder andere Schwierigkeit gehört einfach dazu. Wer dann in eines der von uns beschriebenen Verhaltensmuster verfällt, wird es schwer haben, sich erfolgreich zu positionieren.

Daher ist es wichtig für Sie zu erkennen, zu welchem Krisenverhalten Sie tendieren. In dem vorangegangenen Test haben Sie bereits analysiert, zu welchen Mustern Sie in Auseinandersetzungen, Streitigkeiten und Konflikten neigen. Nun geht es darum, wie Sie die gewonnenen Erkenntnisse für sich nutzbringend umsetzen.

Setzen Sie Ihr neues Wissen um

Unsere Fragen haben Sie sicherlich an die eine oder andere berufliche Erfahrung erinnert, die Sie bereits gemacht haben. Es ist gut, dass Sie sich vor Augen gehalten haben, zu welchem Verhalten Sie in der Regel tendieren. Das heißt aber noch lange nicht, dass Sie unter einem Wiederholungszwang stehen, also die Dinge am neuen Arbeitsplatz wieder genauso angehen müssen wie am letzten. Sie haben lediglich einen Fingerzeig bekommen, der Sie darauf hinweist, wo Spannungen entstehen könnten.

Damit Sie sich mit dieser Wirkung keine Probleme einhandeln, sollten Sie jetzt unsere speziellen Ratschläge für Ihren Typ durchgehen. Ihnen werden dann viele Missverständnisse erspart bleiben.

Wenn Sie in mehr als einem Block überwiegend mit »Ja« geantwortet haben, gehören Sie zu den bereits erwähnten Mischtypen. Dann sollten Sie unsere nun folgenden Tipps zum Gegensteuern für alle zutreffenden Typen lesen und zumindest während der Probezeit beachten!

☑ So könnten Sie vorgehen

Mehr Taktik für Unbedarfte: Wer von sich den Eindruck gewonnen hat, dass er in der Probezeit zu unbedarft auftritt, sollte versuchen, die folgenden Punkte zu beherzigen.

- ☐ Machen Sie sich schnell daran, die inoffiziellen Machtstrukturen zu durchschauen. Erstellen Sie für sich ein Organigramm der inoffiziellen Beziehungen, damit Sie in der Probezeit niemanden vor den Kopf stoßen.
- ☐ Erkundigen Sie sich nach den üblichen Abläufen der Informationsweitergabe, um sich gut integrieren zu können.
- ☐ Erfragen Sie die privaten Vorlieben Ihrer Kollegen, um Anregungen für Small-Talk-Themen zu erhalten.
- ☐ Achten Sie darauf, Ihren Kollegen auch einmal entgegenzukommen und einen Gefallen zu tun, damit Sie schon in den ersten Monaten den »kleinen Dienstweg« für sich etablieren können.
- ☐ Fassen Sie Ihre Arbeitsergebnisse immer auch in knappen Entscheidungsvorlagen zusammen, damit Ihr Chef Ihre Entscheidungsstärke erkennt.

Mehr Einfühlungsvermögen für Distanzlose: Wenn Sie den Eindruck haben, dass Sie Schwierigkeiten haben, die richtige Distanz zu Ihren Chefs und Kollegen zu finden, helfen Ihnen diese Tipps.

- ☐ Halten Sie als Neuling erst einmal Abstand und beschränken Sie sich darauf, das kollegiale Miteinander zu beobachten. So verhindern Sie, unbedacht Fronten aufzubauen.
- ☐ Lernen Sie, andere ins Reden zu bringen, damit Ihre Kontakte zu den Kollegen von Anfang an ausgewogen sind.
- ☐ Kontrollieren Sie Ihre Körpersprache: Beachten Sie die Distanzbedürfnisse der anderen, damit diese sich in Ihrer Nähe auch wohl fühlen.

- ☐ Akzeptieren Sie, dass es Informationen gibt, die nur für bestimmte Ohren gedacht sind. So laufen Sie nicht Gefahr, den Ruf einer Klatschtante zu erhalten.
- ☐ Dass Sie keine Angst vor »hohen Tieren« haben, ist ein Vorteil. Achten Sie aber trotzdem darauf, Vorgesetzten den Respekt entgegenzubringen, den diese gewohnt sind.

Mehr Gelassenheit für Pedanten: Zählen Sie zu den Zeitgenossen, die es mitunter etwas zu genau nehmen, bringen Sie diese Anregungen weiter.

- ☐ Lösen Sie sich von der Vorstellung, dass Sie für die gesamte Abteilungsarbeit verantwortlich sind.
- ☐ Nicht jede Aufgabe im Beruf ist gleichwertig. Lernen Sie, zwischen wichtigeren und unwichtigeren Arbeiten zu unterscheiden, so schaffen Sie sich Ressourcen für die wesentlichen Aufgaben.
- ☐ Im Arbeitsalltag werden Terminvergehen oft schwerer gewichtet als Arbeitsgenauigkeit positiv honoriert wird. Halten Sie daher Ihre Termine ein, auch wenn das gelegentlich auf Kosten 100-prozentiger Genauigkeit geht.
- ☐ Hüten Sie sich insbesondere in der Probezeit vor Kritik an der Arbeitsweise von Kollegen. Es gibt immer mehrere Wege, um zu einem Ergebnis zu kommen.
- ☐ Nutzen Sie die Freiräume, die Ihnen Ihre Vorgesetzten bei neuen Aufgaben zugestehen, so verhindern Sie, nur mit Routineaufgaben eingedeckt zu werden.

Mehr Stehvermögen für Sensible: Wer befürchtet, in der Probezeit zu empfindsam zu reagieren, sollte sich mit diesen Tipps abhärten.

- ☐ Schlechte Stimmung am Arbeitsplatz entsteht oft aus Gründen, die Sie nicht beeinflussen können, sie ist daher aber auch nicht gegen Sie gerichtet.
- ☐ Lernen Sie, zwischen Akzeptanz und Harmonie zu unterscheiden. Wahrscheinlich werden die meisten Kollegen Sie auch dann als wertvollen neuen Mitarbeiter ansehen, wenn sie einmal ein hartes Wort gegen Sie fallen lassen.
- ☐ Unterscheiden Sie bei negativen Äußerungen zwischen gerechtfertigter und ungerechtfertigter Kritik. Führen Sie sich vor Augen, dass Sie kritische Anmerkungen – gerade in der Probezeit – auch weiterbringen können.
- ☐ Sie müssen nicht immer nachgeben. Bleiben Sie im Umgang stets versöhnlich, aber in der Sache standhaft.
- ☐ Setzen Sie sich Teilziele bei der Arbeit, damit Sie in der Probezeit nicht so sehr auf das sporadische Lob des Chefs angewiesen sind, sondern sich selbst motivieren können.

Mehr Abstand für Sozialarbeiter: Reiben Sie sich in der Probezeit nicht auf, indem Sie sich permanent für andere einsetzen. Wahren Sie ein wenig Abstand, damit Sie auch Ihre eigenen Interessen verfolgen können.

- ☐ Hüten Sie sich davor, Ihre Kollegen vorschnell in gute und schlechte Menschen einzuteilen, damit Sie keine unnötigen Feindseligkeiten in der Abteilung aufbauen.
- ☐ Lassen Sie sich nicht zu stark von einer Gruppe vereinnahmen, Sie verlieren sonst die Unterstützung der anderen Kollegen.

- ☐ Lernen Sie, zwischen Kollegen, die sich einfach nur einmal aussprechen wollen, und denen, die wirklich Hilfe suchen, zu unterscheiden.
- ☐ Der Arbeitsalltag ist nicht der richtige Ort für private Krisen und Probleme. Sie können in der Probezeit durchaus verständnisvoll sein, aber hüten Sie sich davor, berufliche Aufgabenstellungen dabei zu vernachlässigen.
- ☐ Chefs sind sowohl der Unternehmensführung als auch ihren Mitarbeitern verpflichtet. Verlangen Sie nicht von ihnen, dass sie sich vollständig auf die Seite ihrer Mitarbeiter schlagen.

Mehr Geduld für Aufbrausende: Wenn Sie schnell aufbrausend reagieren, sollten Sie daran arbeiten, Ihr Temperament in der Probezeit zu zügeln. Ihr Durchsetzungsvermögen ist genauso gefragt wie Ihre Geduld.

- ☐ Gewöhnen Sie sich an den Gedanken, dass in der Probezeit erst einmal Ihre Anpassungsfähigkeit getestet wird.
- ☐ Teamfähigkeit bedeutet auch, die Vorteile von langsamer und genauer arbeitenden Kollegen anzuerkennen. Bedenken Sie immer, dass Sie als Einzelkämpfer nicht allzu weit kommen werden.
- ☐ Tragen Sie einmal erarbeitete Kompromisse mit, auch wenn sie Ihnen nicht ganz ins Konzept passen.
- ☐ Scheuen Sie sich nicht, sich zu entschuldigen, wenn das Temperament einmal mit Ihnen durchgegangen ist.
- ☐ Sie können durchaus frühzeitig durch die Übernahme von Sonderaufgaben an Ihrer Karriere arbeiten. Vermeiden Sie es aber, schon in der Probezeit einen Machtkampf aufzunehmen.

Mehr Teamgeist für den Einsiedler: Neigen Sie dazu, am liebsten allein für sich zu arbeiten, sollten Sie gegensteuern. Nutzen Sie die Probezeit, um sich in Ihrem Unternehmen zu integrieren.

- ☐ Zeigen Sie Kollegen von Anfang an, dass Sie sich für sie interessieren, indem Sie sie mit Namen begrüßen und direkt ansehen.
- ☐ Machen Sie sich eine Liste mit möglichen Gesprächsthemen. Vermerken Sie beispielsweise die Hobbys, Lieblingsthemen und Familieninfos Ihrer Kollegen.
- ☐ Reden Sie im Kollegenkreis auch über Ihre Aufgaben, um zu vermeiden, dass man Sie mit ungeliebten Zusatzaufgaben überschüttet.
- ☐ Verabschieden Sie sich von dem Glauben, dass Meetings und Konferenzen unnütz sind. Bereiten Sie sich stattdessen zielgerichtet darauf vor, damit Sie zu den einzelnen Themen einen Beitrag leisten können.
- ☐ Bitten Sie Ihren Chef in der Probezeit um Feedback für Ihre Leistungen, auf diese Weise wird er genötigt, sich mit Ihren Aufgaben auseinander zu setzen, und wird Ihnen in Zukunft mehr Beachtung schenken.

Den ersten Schritt zur erfolgreichen Bewältigung der Probezeit haben Sie nun getan. Sie wissen jetzt, welchen Eindruck Sie auf andere machen, in welchen Momenten es brenzlig werden kann – und wie Sie aktiv gegensteuern können.

Zum bewussten Umgang mit sich selbst gehört aber auch, herauszubekommen, welche Ziele man am neuen Arbeitsplatz eigentlich verfolgt. Dabei hilft Ihnen das nächste Kapitel.

3

Was sind Ihre Ziele?

Würde man Neue nach Ihrem Hauptziel in der Probezeit fragen, bekäme man sicherlich als häufigste Antwort zu hören: »Ich möchte die Probezeit gut überstehen und danach in ein festes Arbeitsverhältnis übernommen werden.« Dieses Ziel ist sicherlich wünschenswert – um die Probezeit wirklich erfolgreich zu meistern, ist es aber zu ungenau.

Denn es stimmt nur in den seltensten Fällen, dass ein neuer Mitarbeiter einfach nur mitschwimmen will. Manche wollen Beruf und Privatleben gut unter einen Hut bringen, während für andere der Beruf ihr Lebensmittelpunkt ist, um den sich alles dreht. Die einen wollen sich in ihrem Team wohl fühlen, und die anderen möchten aufsteigen und ihre Kollegen hinter sich lassen. Es ist daher wichtig, sich schon vor dem Einstieg diese Frage zu stellen: Was will ich erreichen?

Beständigkeit oder Aufstieg?

Neueinsteiger lassen sich in Bezug auf ihre beruflichen Ziele in zwei Gruppen teilen: Die einen haben den Wunsch nach einem möglichst spannungsarmen und stressfreien Arbeitsverhältnis. Sie wollen einen guten Job machen, aber sonst möglichst in Ruhe gelassen werden. Für die anderen steht der Beruf stärker im Mittelpunkt. Sie möchten Dinge in Bewegung bringen, Arbeitsprozesse gestalten und sind stets auf der Suche nach mehr Verantwortung. Diese Gruppe ist deutlich karriereorientierter als die erste, und sie nehmen dafür auch in Kauf, dass ihre Arbeit viel Zeit und Nerven beansprucht.

Natürlich träumen viele davon, beide Ziele zu kombinieren. In dem einen oder anderen Fall kann es auch klappen, dass sich das Idealbild des persönlich erfüllenden Jobs, der einem so viel Spaß macht, dass man gerne mehr Verantwortung übernimmt, verwirklichen lässt. Das ist aber eher die Ausnahme.

▶ **Das sollten Sie sich merken:** Als Neueinsteiger sollten Sie nicht unrealistischen Idealen hinterherlaufen. Die Gefahr, dann über kurz oder lang enttäuscht zu werden, ist einfach zu groß.

Orientieren Sie sich lieber am praktisch Machbaren, und finden Sie heraus, welche Herangehensweise an den neuen Job besser zu Ihnen passt. Erforschen Sie Ihre innere Einstellung. So verschaffen Sie sich Gewissheit darüber, ob Sie sich im neuen beruflichen Umfeld von Anfang an als Aufsteiger positionieren möchten oder ob es Ihnen genügt, ein guter Mitarbeiter zu sein, sich zu integrieren und Ihre Aufgaben zuverlässig und engagiert zu erledigen.

Steht bei Ihnen der Aufstieg nicht im Vordergrund, heißt das nicht, dass Sie sich damit begnügen sollten, lediglich »Dienst nach Vorschrift« zu machen. Auch Sie sollten taktisch vorgehen. Legen Sie Ihren Schwerpunkt in der Probezeit ruhig auf eine möglichst reibungslose Integration, aber geben Sie trotzdem zu erkennen, dass Sie zu den engagierten Mitarbeitern gehören. Ihre Bereitschaft, hin und wieder etwas Besonderes zu leisten, sollte auf jeden Fall zu sehen sein.

Im Gegensatz zu aufstiegsorientierten Einsteigern müssen Sie Ihr Engagement nicht so stark über die eigene Abteilung hinaus deutlich machen, in der Abteilung selbst sollte man Sie aber schätzen lernen. Dies gelingt Ihnen, indem Sie beispielsweise Kollegenvertretungen übernehmen, sich als kompetenter Ansprechpartner bei auftretenden Problemen zeigen und bewusst auch einmal länger als die anderen bleiben, um zu zeigen, dass Sie sich wirklich in die Arbeit hineinknien.

Glauben Sie aber, dass mehr in Ihnen steckt und dass Sie das so früh wie möglich zeigen wollen, damit Sie rasch die Weichen für einen Aufstieg stellen können, dann prüfen Sie Ihren Aufstiegswillen anhand der folgenden Fragen.

☑ Bin ich ein Aufsteiger?

- ☐ Möchte ich immer wieder neue berufliche Aufgaben übernehmen?
- ☐ Finde ich mich schnell in neuen beruflichen Situationen zurecht?
- ☐ Gefällt es mir, etwas zu bewegen?
- ☐ Macht es mir nichts aus, auf Widerstände zu treffen?
- ☐ Arbeite ich gerne unter Druck?
- ☐ Stört es mich, tagtäglich die gleiche Arbeit zu machen?
- ☐ Kann ich zwischen widerstreitenden Interessen vermitteln?
- ☐ Gestalte ich gerne Prozesse?
- ☐ Leite ich andere gerne an?
- ☐ Arbeite ich gerne strategisch?
- ☐ Kann ich andere für meine Visionen begeistern?
- ☐ Kümmere ich mich aktiv um Karrierenetzwerke?
- ☐ Bin ich statusorientiert?
- ☐ Definiere ich mich über meinen Job?

Wenn Sie sehr viele Fragen mit »Ja« beantwortet haben, ist die Wahrscheinlichkeit groß, dass Sie aufstiegsorientiert sind. Dies hat direkte Auswirkungen auf Ihre Probezeit. Denn dann sollten Sie vom ersten Tag an darauf hinarbeiten, wahrgenommen zu werden. – Und zwar nicht nur von Ihrem direkten Vorgesetzten und Ihren Abteilungskollegen, sondern auch darüber hinaus. Neben einer guten Integration in die neue Abteilung und dem Aufbau eines guten Drahtes zu Chef und Kollegen sollten Sie ruhig die eine oder andere »Duftmarke« setzen, um sich als besonders leistungsbereiter neuer Mitarbeiter zu positionieren.

Die Möglichkeiten dafür sind vielfältig. Sie können Sonderaufgaben übernehmen, sich an Projektteams beteiligen, in bereichsübergreifenden Arbeitsgruppen mitwirken, in Meetings neue Ideen präsentieren, Verbesserungsvorschläge machen oder »Best practice«-Ansätze vorstellen.

Sonderaufgaben übernehmen: Neben beruflichen Routineaufgaben gibt es auch immer wieder Sonderaufgaben, die in der Abteilung erledigt werden müssen. Wenn Sie eine besondere Einsatzbereitschaft zeigen wollen, können Sie beispielsweise eine Produktmesse mit vorbereiten, ausländische Kunden betreuen, Kollegen in neue Software einführen oder einen Betriebsausflug mit organisieren.

Sich an Projektteams beteiligen: Projektteams bieten die Chance, sich auch außerhalb der eigenen Abteilung zu empfehlen. Bieten Sie sich bei passenden Gelegenheiten an. Oft werden Mitarbeiter für Qualitätszirkel, Produkt-Marketing-Teams, Optimierungsgruppen oder Kostensenkungsprogramme gesucht.

In bereichsübergreifenden Arbeitsgruppen mitwirken: Die bereichsübergreifende Abstimmung wird in Firmen immer wichtiger. Unternehmen möchten vermeiden, dass Einkauf, Entwicklung, Produktion, Vertrieb und Service unverbunden nebeneinander her arbeiten, anstatt gezielt die Bedürfnisse der jeweils angrenzenden Abteilungen zu berücksichtigen. Unter dem Gesichtspunkt, was Ihnen bei Ihrem geplanten Aufstieg hilfreich sein kann, sind diese Arbeitsgruppen eine gute Plattform dafür, auf sich aufmerksam zu machen und Kontakte zu knüpfen. Bedenken Sie aber, dass Sie sich in der eigenen Abteilung womöglich kritischen Fragen stellen müssen, wenn Sie sich zum Sprachrohr anderer Abteilungen oder Bereiche machen.

In Meetings neue Ideen präsentieren: Zeigen Sie in Abteilungsmeetings bewusst Flagge. Insbesondere dann, wenn Sie über gute Präsentationstechniken verfügen. Stellen Sie Ihre Arbeit und Ihre neuen Ideen aktiv dar. Präsentieren Sie sich aber keinesfalls als Revoluzzer. Achten Sie darauf, dass Sie für Ihre Innovationen vorab Verbündete gewinnen.

Verbesserungsvorschläge machen: In nicht wenigen Unternehmen gibt es ein Prämiensystem für Verbesserungsvorschläge. Das hat für Sie einen doppelten Nutzen: Zum einen machen Sie positiv auf sich aufmerksam, zum anderen erhalten Sie unter Umständen einen netten Gehaltsbonus.

»Best practice«-Ansätze vorstellen: Kollegen lassen sich gerne helfen, ganz besonders dann, wenn Sie nicht als arroganter Besserwisser auftreten. Der Trick, um eigene Vorschläge mit möglichst wenig Widerstand durchzusetzen, besteht darin, eine neue, favorisierte Vorgehensweise nur vorzustellen, statt gleich auf die Umsetzung zu pochen. Es ist viel effektiver, einen »Best practice«-Ansatz, im Sinne einer Hilfeleistung erst einmal nur zu präsentieren. Auf diese Weise können die Kollegen die Vorgehensweise in Ruhe für

sich ausprobieren, und Sie sammeln unauffällig, aber konsequent Bonuspunkte.

Die Gefahr bei Aufsteigern besteht darin, dass sie leicht andere mit ihrem besonderen Engagement unabsichtlich vor den Kopf stoßen. Daher sollten Sie als Neuer nicht bei *jeder* Gelegenheit durchblicken lassen, dass Sie vieles besser machen könnten. Zeigen Sie lieber, dass Sie grundsätzlich bereit sind, zusätzliche Aufgaben zu übernehmen. Damit stellen Sie schon in der Probezeit die Weichen für Ihr weiteres Vorankommen in der Firma.

Arbeit oder Freizeit?

Vor die Wahl gestellt, ob Ihnen Ihre Arbeit oder Ihre Freizeit wichtiger ist, würde wohl fast jeder mit Freizeit antworten. Für Berufstätige ist die Frage nach dem Verhältnis von Arbeit und Freizeit aber nie ganz eindeutig zu beantworten. Das eigentliche Kunststück besteht darin, zwischen den beiden die richtige Balance zu finden. Und bei Freizeit geht es natürlich nicht nur um Hobbys und Urlaub, sondern ganz allgemein um freie Zeit, das beinhaltet auch die Zeit, die man mit seinem Lebenspartner, mit der Familie oder den Kindern verbringt.

Es ist besser, sich vor dem Einstieg in einen neuen Job Gedanken darüber zu machen, welchen Raum man der Arbeit im eigenen Leben geben möchte. Es muss Ihnen klar sein, dass berufliches Engagement natürlich Zeit kostet, die Ihnen sonst zur freien Verfügung stehen würde.

▶ **Das sollten Sie sich merken:** Bevor Sie sich also mit Haut und Haar dem Beruf verschreiben, sollten Sie überlegen, welchen Stellenwert Ihr Privatleben für Sie hat. Sonst geraten Sie über kurz oder lang in einen schwerwiegenden Interessenkonflikt.

Gehen Sie einmal in Ruhe die Fragen dazu durch, wie wichtig Ihnen Ihr Privatleben ist, um sich mehr Klarheit darüber zu verschaffen, welchen Stellenwert Privates für Sie hat.

☑ Wie wichtig ist mir mein Privatleben?

- ☐ Ist mir eine erfüllte Partnerschaft wichtiger als mein beruflicher Aufstieg?
- ☐ Möchte ich viel Zeit mit meiner Familie verbringen?
- ☐ Nehme ich bei beruflichen Entscheidungen Rücksicht auf meinen Partner?
- ☐ Würde ich einer teilweisen Arbeitsreduzierung bei einem entsprechenden Gehaltsabschlag zustimmen?
- ☐ Ist es für mich wichtig, verlässliche Arbeitszeiten zu haben?
- ☐ Brauche ich viel Zeit für meine Hobbys?
- ☐ Ist mir regelmäßige aktive Entspannung wichtig, um mich vom Job zu erholen?
- ☐ Benötige ich häufig Urlaub, um meine Batterien wieder aufzuladen?
- ☐ Ist es mir egal, wenn andere mehr verdienen als ich?
- ☐ Arbeite ich eher, um zu leben, als umgekehrt?
- ☐ Wird der Stellenwert von Arbeit in unserer Gesellschaft überschätzt?
- ☐ Wüsste ich genug Ehrenämter, in denen ich mich ohne festen Job engagieren würde?
- ☐ Ziehe ich aus meiner Freizeit mehr Erfolgserlebnisse als aus meinem Beruf?

Falls Sie in diesem Fragenblock sehr häufig mit »Ja« geantwortet haben, benötigen Sie neben Ihrem Beruf ausreichend Zeit, um Ihren privaten Interessen nachzugehen. Die Beweggründe können dabei ganz unterschiedlich sein: Einige möchten über ein Ehrenamt etwas in der Gesellschaft verändern, andere brauchen einfach genug freie Zeit, um im Job nicht auszubrennen. Manche wollen bewusst Zeit mit der Familie verbringen, und andere verwirklichen sich in ihren Hobbys.

Wichtig ist für all diejenigen, die freie Zeit für ihr Wohlbefinden benötigen, sich auch in der Probezeit nicht zu stark vereinnahmen zu lassen. Dies klingt sehr viel leichter, als es in der Praxis ist; dennoch gibt es Möglichkeiten, Ihrem beruflichen Umfeld zu signalisieren, dass Sie zwar bereit sind, Leistung zu zeigen, aber dass Sie auch noch ein anderes Leben – nämlich Ihr Privatleben – außerhalb der Firma haben.

Um die richtigen Signale zu setzen, sollten Sie auch einmal Grenzen ziehen, Verbündete gewinnen und auf jeden Fall auf ein gutes Zeitmanagement achten.

Grenzen ziehen: Natürlich sind Ihre Möglichkeiten, in der Probezeit Grenzen zu ziehen, eng umrissen. Sie sollten sich aber nicht überschätzen. Wenn Sie jede Arbeit übernehmen, die man an Sie heranträgt, werden Sie, schneller, als es Ihnen lieb ist, in Arbeit ertrinken. Hüten Sie sich auf jeden Fall davor, einen Berg von Arbeit anzuhäufen, den Sie kaum noch erledigen können. Weisen Sie Kollegen freundlich, aber bestimmt darauf hin, dass Ihre jetzige Arbeit Priorität hat und Sie erst nach der Erledigung dieser Aufgabe Zeit haben, sich um Neues zu kümmern. Arbeiten Sie am »freundlichen Nein«, das heißt, lernen Sie auch einmal Aufgaben abzulehnen. Achten Sie aber darauf, immer eine plausible Begründung dafür zu liefern, warum Sie etwas ablehnen.

Verbündete gewinnen: Es wird Ihnen leichter fallen, mehr Zeit für sich zu bewahren, wenn Sie in der Umgebung Ihres Arbeitsplatzes Kollegen finden, die ähnliche Freizeitinteressen haben wie Sie. Der eine engagiert sich vielleicht beim Roten Kreuz, der andere in der Elternvertretung in der Schule. Bringen Sie also in Erfahrung, wer sich außer Ihnen in seiner Freizeit für etwas engagiert, um Unterstützung zu gewinnen. Oft gelingt es auch, über gemeinsame Hobbys bei anderen Verständnis für Ihren Wunsch nach ausreichender Freizeit aufzubauen. Nebenbei haben Sie auch gleich ein Small-Talk-Thema gefunden, mit dem Sie die Beziehungen zu Ihren Chefs und Kollegen vertiefen können.

Gutes Zeitmanagement: Eine große Gefahr in der Probezeit besteht immer darin, dass Sie zu viel Zeit mit Unwichtigem verbringen und sich dadurch von den Kernaufgaben ablenken lassen. Lernen Sie deshalb, zwischen wichtigen und unwichtigen Aufgaben zu unterscheiden. Seien Sie auch vorsichtig im Umgang mit Zeitdieben. Natürlich ist es schön, ausführliche Gespräche mit den neuen Kollegen zu führen, aber es wird problematisch, wenn darüber Ihre Arbeit liegen bleibt. Während Ihre Kollegen über viel Routine in der Aufgabenbewältigung verfügen, müssen Sie konsequent an Ihren Aufgaben dranbleiben, sonst merken Sie erst zur Mittagszeit, wie wenig Sie bis jetzt geschafft haben, und müssen dann den Abend opfern, um das Pensum zu schaffen.

Sie werden durch die Auseinandersetzung mit Ihren Zielen festgestellt haben, wo Ihre Präferenzen liegen. Grundsätzlich müssen sich alle neuen Mitarbeiter an bestimmte Regeln halten, um die Probezeit erfolgreich zu meistern, wer aber besonders leistungsorientiert ist, muss von Anfang an die entsprechenden Signale innerhalb und außerhalb der Abteilung aussenden.

Wer festgestellt hat, dass für ihn der Beruf *nicht* der Mittelpunkt des Lebens ist, sollte sich dieses und die daraus resultierenden Konsequenzen ebenfalls bewusst machen, sonst gelingt es nicht, bereits in der Probezeit aktiv einer permanenten Überlastung entgegenzuwirken.

Ganz gleich, ob Ihr Ziel in der Beständigkeit oder dem Aufstieg liegt: Bleiben Sie in Ihrer Herangehensweise flexibel. Die von uns vorgestellten Handlungsempfehlungen sind lediglich Vorschläge. Suchen Sie sich diejenigen heraus, die Ihnen liegen und die sich am besten in Ihrem Unternehmen umsetzen lassen.

4

Der erste Tag

Die Probezeit ist insgesamt eine Zeit der besonderen beruflichen Herausforderung. Für Sie als neuen Mitarbeiter bedeutet das, dass Sie des Öfteren Unsicherheit, Selbstzweifel oder auch puren Stress erleben werden. Diese belastenden Empfindungen sind normal und gehören einfach dazu, wenn man sich in kurzer Zeit auf ein neues Umfeld mit neuen Aufgaben und neuen Menschen einstellen muss.

Ihre Ziele für den ersten Tag

Um sich gleich zu Beginn gut einführen zu können, ist es notwendig, dass Sie sich klare Ziele für den ersten Tag beziehungsweise die ersten Tage setzen. Im Vordergrund steht zunächst, dass Sie Ihren neuen Kollegen auf der zwischenmenschlichen Ebene näher kommen. Setzen Sie alles daran, schon gleich zu Beginn die Namen und auch die Position Ihrer engsten Kollegen zu erfahren und sich zu merken. Eventuell gelingt es Ihnen auch, bereits bei der Bekanntmachung erste Gesprächsangebote zu machen, indem Sie nach Gemeinsamkeiten suchen. Vielleicht kommt jemand aus der gleichen Stadt wie Sie oder hat ähnliche Hobbys? Versuchen Sie ruhig, bereits in dieser frühen Phase etwas Persönliches über sich selbst mitzuteilen. Das erleichtert es Ihrem beruflichen Umfeld, zu einem späteren Zeitpunkt mit Ihnen ein Gespräch zu beginnen, weil man bereits etwas über Sie weiß und daran anknüpfen kann. Es ist zwar nicht ganz leicht, am Anfang die Balance zwischen zu viel und zu wenig persönlicher Information zu finden, aber es lohnt sich unbedingt, solche Themenangebote zu machen!

Ebenso sollten Sie sich bemühen, Ihren Chef und Ihre Kollegen so schnell wie möglich einschätzen zu können. Beobachten Sie deshalb genau, wie man auf Sie reagiert und wie sich die Kollegen untereinander verhalten: Sie können viel daraus lernen. Häufig können Sie auch einige zusätzliche Informationen erhalten, indem Sie zwischen den Zeilen lesen. Gibt es vielleicht unterschwellige Spannungen zwischen Ihrem Chef und Ihren Kollegen oder den einzelnen Abteilungen? Aber seien Sie vorsichtig, ziehen Sie nicht vorschnell Schlüsse, die Sie vielleicht zu falschen Einschätzungen und daraus resultierend zu unangemessenen Verhaltensweisen verleiten. Noch sind Sie neu und alles, was Sie erfahren, sind nur erste Informationen, die Sie im Laufe der kommenden Tage und Wochen zu einem Gesamtbild vervollständigen müssen und werden.

Auch wenn zu Beginn die zwischenmenschlichen Beziehungen im Vordergrund stehen, ist es doch wichtig, sich auch inhaltlich zu orientieren. Was sind Ihre Aufgaben? Welche Erwartungen stellt Ihr Chef an Sie und welche die Kollegen? Gibt es vielleicht Widersprüche? Dann müssen Sie sich überlegen, welche Möglichkeiten Sie haben, um diese Widersprüche zu entschärfen und am besten nicht nur den Anforderungen Ihres Chefs zu entsprechen, sondern auch Ihren Kollegen entgegenzukommen. Sonst geraten Sie schnell in eine Zwickmühle, in der es schwierig ist, vernünftig zu arbeiten, weil entweder Ihr Vorgesetzter mit Ihnen unzufrieden ist oder die Kollegen sie blockieren.

Seien Sie sich bewusst, dass es am ersten Tag nur darum geht, den Grundstein für Ihre erfolgreiche Einarbeitung zu legen. Im Moment sollen Sie sich nur eine erste Orientierung verschaffen, auf der Sie in den nächsten Wochen und Monaten aufbauen können. In den späteren Kapiteln erläutern wir ausführlicher, wie Sie am besten vorgehen, um in Ihrem neuen Unternehmen gute Kontakte zu knüpfen und Ihre Aufgabengebiete genau zu erfassen.

So bekommen Sie den Stress in den Griff

Besonders deutlich wird der emotionale Faktor für Sie gleich am ersten Arbeitstag im neuen Job werden. Der erste Tag nimmt eine besondere Bedeutung innerhalb der gesamten Probezeit ein. Hin- und hergerissen zwischen der Freude, dass es jetzt endlich losgeht, und den bisweilen übertriebenen Bedenken, ob man es auch schaffen wird, sind die Nerven des Einsteigers bis aufs Äußerste gespannt.

▶ **Vorsicht Falle!** Machen Sie in Ihrer Probezeit deutlich, dass Sie über das wichtige Soft Skill »Belastungsfähigkeit« verfügen. Wer schon am ersten Tag die Nerven verliert, baut ungewollt Fronten auf, zwischen denen er später vielleicht zerrieben wird.

Damit sich die erhöhte Anspannung des ersten Tages nicht wahllos entlädt, gilt es, sich rechtzeitig Gegenmaßnahmen zu überlegen.

Unter Stress reagieren die meisten Menschen anders, als sie es sonst tun, die einen machen sich kleiner als üblich und flüchten unbewusst in Unterwerfung und Überanpassung, die anderen reagieren gereizter als sonst und wirken dadurch schroff und patzig, manche bekommen vor lauter Aufregung kein Wort mehr heraus. Und wiederum andere reden ohne Punkt und Komma, weil sie nicht wissen, wie sie mit der neuen Situation fertig werden sollen.

Üblicherweise wird man in der neuen Firma dafür Verständnis haben, dass Sie am ersten Tag ängstlicher, nervöser oder angespannter sind als sonst, dennoch kann es für Sie problematische Folgen haben. Denn Ihr berufliches Umfeld bildet sich anhand Ihres Auftretens auch den berühmt-berüchtigten ersten Eindruck von Ihnen. Und dieser erste Eindruck sollte natürlich so positiv wie möglich sein.

Dass Sie in aufregenden Situationen unter Stress stehen, wird sich nie ganz vermeiden lassen. Was Sie aber ändern können, ist Ihr Umgang mit dem Stress, unter dem Sie am ersten Arbeitstag stehen. Deshalb sollten Sie sich zunächst vor Augen führen, dass nicht nur Sie, sondern fast alle Menschen unter Anspannung anders beziehungsweise übertriebener als sonst reagieren, anschließend gilt es, herauszufinden, welches Ihr typisches Stressverhalten ist. Und zu guter Letzt kommt es darauf an, aktiv gegenzusteuern, damit Sie mit der Herausforderung des ersten Tages besser zurechtkommen.

Geraten Menschen unter massiven Stress, schlägt sich dies auch in ihrem Verhalten nieder. Auch Sie haben in Ihrem Leben sicherlich schon andere Menschen erlebt, die neu in eine fest gefügte Gruppe gekommen sind, beispielsweise als Neuer in eine Schulklasse, in einen Ausbildungsbetrieb, in den Sportverein oder auch in eine Firma.

Wenn Sie einmal bewusst innere Rückschau halten, werden Ihnen die folgenden typischen Stressreaktionen von Neueinsteigern – in der einen oder anderen Ausprägung – sicherlich schon einmal begegnet sein. Und vielleicht hat dieses Stressverhalten der Neuen auch bei Ihnen zu ähnlich negativen ersten Einschätzungen geführt. In unserer Übersicht *So werden typische Stressreaktionen interpretiert* haben wir Ihnen die häufigsten Verhaltensweisen aufgelistet und zeigen Ihnen, welche Reaktionen das jeweilige Verhalten häufig auslöst.

So werden typische Stressreaktionen interpretiert

Typische Stressreaktion	Was sich die Kollegen denken
Angstschweigen: Der Neue schweigt aus Angst davor, etwas Falsches zu sagen.	»Was für ein stummer Fisch, dem muss man ja jedes Wort aus der Nase ziehen. Der hat bestimmt keine Ahnung von dem, was er hier tun soll.«
Mädchenschema: Die Neue tritt auf wie ein kleines Mädchen. Sie legt den Kopf schief, pendelt um die Körperachse und lächelt jeden Kollegen ängstlich an.	»Die hat überhaupt keine eigene Meinung. Mit der kann man sicherlich umspringen, wie man will.«
Witzigkeit um jeden Preis: Der Neue versucht, die Situation mit Humor aufzulockern. Leider ist er der Einzige, der über seine Späßchen lacht.	»O Gott, ist der peinlich, hoffentlich setzt sich der Witzbold von eigenen Gnaden nicht auch noch in der Kantine zu mir.«
Überheblichkeit: Der Neue sieht, wie die Kollegen arbeiten, und kommentiert dies mit den Worten: »Das ist ja völlig überholt, wie Sie hier vorgehen. Da hätten Sie mal sehen müssen, wie modern das in meiner alten Firma geregelt war.«	»Was für ein Besserwisser. Warum ist er nicht da geblieben, wo er herkommt, wenn dort alles so gut war.«

Kampfstimmung: Der Neue steigt in eine Diskussion ein, die seine Kollegen führen, und sagt: »Da ist der neueste Stand der Wissenschaft aber doch schon längst weiter.«	»Du kleiner Grünschnabel von der Uni. Leiste erst einmal etwas, bevor du glaubst bei Erwachsenen mitreden zu dürfen.«
Dauerreden: Der Neue redet auf die Kollegen ohne Punkt und Komma ein. Je einsilbiger die in ihren Antworten werden, desto mehr redet er sich in Rage und kann sich gar nicht mehr beruhigen.	»Kann der nicht mal die Luft anhalten? Wenn der weiter so viel quasselt, krieg ich noch Kopfschmerzen.«
Überforderung: Der Neue kommentiert die vielen auf ihn einprasselnden Informationen mit den Worten: »Was hier alles von einem verlangt wird, ist einfach zu viel. Das schaffe ich nie. Ich bin völlig fertig.«	»Was für ein Jammerlappen. Wenn er sich den Job nicht zutraut, hätte er sich doch nicht bei uns bewerben müssen.«

Sicherlich hatten Sie bei unserer Auflistung typischer Stressreaktionen einige »Aha«-Effekte. Und vielleicht sind Ihnen Bekannte, Freunde, Schul-, Studien- oder Arbeitskollegen eingefallen, die sich ähnlich ungeschickt in eine neue Gruppe eingeführt haben. Das kann aber nicht nur anderen passieren. Auch Sie selbst können unter dem Druck des ersten Tages einbrechen und Kollegen unbeabsichtigt zu Fehleinschätzungen über Ihr Können und Ihre Souveränität verleiten.

Um hier gegenzusteuern, sollten Sie noch ein weiteres Mal Situationen aus der Vergangenheit reflektieren. Diesmal geht es aber nicht um andere, die neu in eine Gruppe kamen, sondern um Sie. Überlegen Sie sich drei Situationen, in denen Sie der Neue waren. Und halten Sie für sich fest, wie Sie seinerzeit aufgetreten sind, oder genauer formuliert, welches Stressverhalten Sie damals gezeigt haben.

- zu still, ängstlich
- zu wenig gefragt
- zu wenig aktiv
→ Fehlervermeidung

Mein persönliches Stressverhalten

- Die erste Situation, in der ich als Neuer aufgetreten bin:
  ....
- Meine damalige Stressreaktion:
  ....
- Die zweite Situation, in der ich als Neuer aufgetreten bin:
  ....
- Meine damalige Stressreaktion:
  ....
- Die dritte Situation, in der ich als Neuer aufgetreten bin:
  ....
- Meine damalige Stressreaktion:
  ....

Sie wissen nun genauer, in welche typischen Verhaltensmuster Sie unter Stress fallen. Mit einem besseren Gespür für die Wirkung, die Sie in stressigen Situationen auf andere haben, sind Sie einen wichtigen Schritt weitergekommen. Nach dem Motto

»Gefahr erkannt – Gefahr gebannt« werden wir nun gemeinsam mit Ihnen Handlungsmöglichkeiten zum Gegensteuern entwickeln.

Es gibt zwei grundsätzliche Strategien, die Ihnen dabei helfen, den Stress, den Sie bei der ersten Begegnung verspüren, besser zu meistern. Erstens sollten Sie Ihrem individuellen Stressverhalten bewusst entgegenwirken, und zweitens sollten Sie versuchen, mit den neuen Kollegen in einen konstruktiven Dialog zu treten.

Um Ihnen zu zeigen, wie dies aussehen könnte, greifen wir die Beispiele aus der Übersicht *So werden typische Stressreaktionen interpretiert* noch einmal auf. Lassen Sie sich von unseren Tipps zur aktiven Stressbewältigung und zur Anbahnung von ersten Gesprächen mit den neuen Kollegen anregen, damit Sie für sich ähnliche Handlungsmöglichkeiten entwickeln können.

Angstschweigen: Wer befürchtet, am ersten Arbeitstag vor lauter Aufregung in Schweigen zu verfallen, sollte zu Hause drei bis vier Sätze vorbereiten, auf die er dann im Ernstfall zugreifen kann. Geeignet wären Formulierungen wie diese: »Guten Tag, mein Name ist Peter Schnell. Ich bin der neue Mitarbeiter für das Direktmarketing. Ich freue mich schon richtig auf die neuen Aufgaben. In meiner alten Firma habe ich auch im Marketing gearbeitet und war zusätzlich in einige Projekte mit eingebunden. Wo liegen denn bei Ihnen die Schwerpunkte im Direktmarketing?«

Mädchenschema: Statt als gestandene Fachfrau unter Stress in das längst überwunden geglaubte Mädchenschema zu verfallen, sollten Sie lieber selbstbewusst auftreten. Stehen Sie mit beiden Füßen fest auf dem Boden, schauen Sie Ihr Gegenüber direkt und konzentriert an, und sagen Sie dann beispielsweise: »Hallo, ich bin Petra Schmidt, die neue Vertriebsassistentin. Was sind denn aus Ihrer Sicht die wichtigsten Aufgaben, in die ich mich in den nächsten Tagen einarbeiten soll?«

Witzigkeit um jeden Preis: Es ist unangemessen, am ersten Arbeitstag als Witzbold aufzutreten oder sich als Sprücheklopfer zu präsentieren. Wählen Sie lieber einen sachlichen Auftritt, zum Beispiel so: »Guten Morgen, mein Name ist Sebastian Paulus. Ich bin der neue Servicetechniker. Ich habe zwar schon einige Jahre im Bereich Service gearbeitet, nun muss ich mich aber erst einmal richtig reinknien, um zu verstehen, wie Sie hier arbeiten. Vielleicht können Sie mir schon einmal sagen, wie die Serviceabläufe hier geregelt sind?«

Überheblichkeit: Wer schon am ersten Tag den Kollegen deutlich sagt, was sie alles falsch machen, wird Schiffbruch erleiden. Hier ist Schweigen Gold. Kommentieren Sie die Arbeit der anderen lieber zurückhaltend. Sie könnten sagen: »Das ist ja interessant, wie bei Ihnen die Arbeit in der Produktion organisiert ist. Jede Firma hat doch ihren ganz eigenen Stil. Ich bin wirklich gespannt zu sehen, wie Sie hier die Dinge angehen. Kann mir denn jemand die Produktionsanlagen einmal zeigen?«

Kampfstimmung: Mit einigen Kollegen lassen sich Hahnenkämpfe sicherlich nicht vermeiden. Allerdings müssen Sie es sich nicht gleich am ersten Tag mit jedem in der Firma verderben, nur weil Sie Ihre Meinung mit Gewalt durchsetzen wollen. Es ist besser, wenn Sie sich zunächst abwartend und interessiert geben. Statt in einen Schlagabtausch einzutreten, könnten Sie sagen: »Wie ich sehe, haben Sie gute Erfahrungen damit gemacht, die Qualitätsprüfung als Endkontrolle durchzuführen. Sind Sie denn zufrieden mit der Ausschussquote?«

Dauerreden: Wenn Sie wissen, dass Sie unter Stress eher zu viel als zu wenig reden, sollten Sie in den ersten Kontakten mit den neuen Kollegen darauf achten, bewusst Pausen zu machen. Verbessern Sie Ihr Gespür dafür, wann Ihre Gesprächspartner selber zu Wort kommen möchten, bremsen Sie sich also immer wieder, und bringen Sie stattdessen Ihre neuen Kollegen dazu, selber etwas zu sagen. Das können Sie zum Beispiel so in Angriff nehmen: »Ich bin ganz angetan davon, wie modern die EDV in der Firma ist. Wie ist es Ihnen denn gelungen, die Mitarbeiter immer wieder an die neue Software heranzuführen?«

Überforderung: Überforderung tritt immer auf, wenn Menschen sich neuen Situationen stellen, also auch in der Probezeit. Es ist aber nicht hilfreich, die Überforderung lautstark nach außen kundzutun. Ein Mitleidsbonus bringt Sie im neuen Job nicht weiter. Beißen Sie lieber die Zähne zusammen, und geben Sie sich ein paar Tage Zeit. Gegenüber den neuen Kollegen könnten Sie so auftreten: »Die Arbeitsfelder sind wirklich anspruchsvoll, ich habe zwar schon in verschiedenen Firmen als Speditionskaufmann gearbeitet, aber bei Ihnen weht wirklich ein frischer Wind. Wie lange haben Sie denn gebraucht, bis Sie sich seinerzeit eingearbeitet hatten?«

Unsere Beispiele haben Ihnen gezeigt, dass man einiges tun kann, um gleich am ersten Arbeitstag die richtigen Weichenstellungen vorzunehmen. Machen Sie sich bewusst, dass Sie unter Stress anders reagieren als sonst, und überlegen Sie sich rechtzeitig Handlungsalternativen. Nutzen Sie dazu die Erkenntnisse, die Sie über Ihr individuelles Stressverhalten gewonnen haben, damit Sie sich etwas zurücknehmen können. Überlisten Sie den Stressteufel, indem Sie sich ein paar sachliche und aussagekräftige Sätze für die ersten Kontaktversuche mit den neuen Kollegen überlegen.

▶ **Das sollten Sie sich merken:** Wenn Sie es schaffen, die neuen Kollegen dazu zu bringen, in ein Gespräch mit Ihnen einzusteigen, haben Sie das zwischenmenschliche Hauptziel des ersten Tages erreicht. Man wird als ersten Eindruck festhalten, dass Sie kontaktfreudig sind und souverän auftreten.

An die Gespräche des ersten Tages können Sie dann in den weiteren Tagen, Wochen und Monaten anknüpfen.

5

Die neuen Aufgaben

Wenn Sie Ihre Probezeit erfolgreich meistern möchten, müssen Sie sich natürlich auch mit dem beschäftigen, was in der Probezeit an fachlichen Herausforderungen auf Sie zukommt. Nur wenn Sie Ihre neuen Aufgaben in den Griff bekommen, werden Sie Ihre weiteren Trümpfe im Umgang mit Kollegen und Chefs ausspielen können.

Vertrag ist Vertrag, oder?

Bei der Frage, was Ihre neuen Aufgaben eigentlich sind, scheint die Sache zunächst offensichtlich zu sein, schließlich haben Sie sich aufgrund einer Stellenanzeige beworben oder sich als Initiativbewerber mit einem bestimmten Anforderungsprofil ins Gespräch gebracht. Danach haben Sie ein oder mehrere Vorstellungsgespräche geführt, in denen man Ihnen zumindest Ihr Arbeitsfeld und die Erwartungen, die an Sie gestellt werden, umrissen hat. Und zu guter Letzt haben Sie einen Arbeitsvertrag unterzeichnet, der Ihre Arbeitsaufgaben in der neuen Firma festhält.

Diejenigen von Ihnen, die die Stelle schon einmal gewechselt haben, wissen aber, dass die Wirklichkeit oft anders aussieht, als es das Bewerbungsverfahren oder der Arbeitsvertrag Ihnen vorgespiegelt haben.

▶ **Das sollten Sie sich merken:** Bei der Festlegung Ihrer tatsächlichen Arbeitsaufgaben können Sie sich nicht ausschließlich auf Ihren Arbeitsvertrag berufen.

Viele Aspekte können hier eine Rolle spielen. Probleme treten üblicherweise dann auf, wenn eine Stelle neu geschaffen wurde oder wenn Fach- und Personalabteilung sich nicht richtig abgestimmt haben, aber auch die Situation, in der Ihre Firma sich gerade befindet, ist von großer Bedeutung. Und manchmal sind es auch nur ungenaue Formulierungen im Arbeitsvertrag, die es Ihnen erschweren, zu erkennen, was eigentlich von Ihnen verlangt wird.

Um festzustellen, was wirklich Ihre Arbeitsinhalte und Aufgaben sind, können Sie die folgenden Kriterien heranziehen:

Neu geschaffene Stelle: Es kann Ihnen bei einer neu geschaffenen Stelle passieren, dass das Wunschdenken vorherrscht: »Der Neuling ist unsere Universalwaffe, die alles Übel aus der Welt schaffen wird.« Dieser überhöhte Anspruch zieht immer eine sehr unscharfe Aufgabenbeschreibung nach sich, was weitreichende Folgen für Sie hat. Wenn es dann darum geht, festzulegen, welche Aufgaben Sie eigentlich wahrzunehmen haben, werden Sie sich nicht auf Ihren Arbeitsvertrag berufen können.

Fach- gegen Personalabteilung: Nicht immer ist die Abstimmung zwischen Fach- und Personalabteilung optimal geregelt. Grundsätzlich gilt: Je größer ein Unternehmen ist, desto mehr Eigendynamik entwickelt sich bei Abstimmungsfragen. Nicht selten hat die Personalabteilung andere Vorstellungen vom optimalen Bewerber als die Fachabteilung, und zum Leidwesen mancher Bewerber blicken die Kollegen aus der eigenen Abteilung dann ganz ungläubig auf die von der Personalabteilung festgelegten Kernaufgaben. So kann es passieren, dass sich die Fachabteilung Entlastung im Tagesgeschäft wünscht, die Personalabteilung mit dem neuen Mitarbeiter aber die Projektarbeit forcieren möchte. In diesem Fall sind Sie als Neueinsteiger bei der Gewichtung Ihrer Tätigkeiten selbst gefragt. Notfalls müssen Sie sich um ein klärendes Gespräch mit einem Vertreter der Personalabteilung und Ihrem Chef bemühen, um hier eine gültige Lösung zu finden.

Firmen im Umbruch: Ist der Unternehmensberater im Haus, wird die Unternehmensorganisation gerade umgestellt, ist die Firma vor kurzem übernommen worden oder findet gerade eine Restrukturierung statt, werden Sie zwar nicht der Einzige sein, der ins Grübeln darüber kommt, wo seine Aufgaben eigentlich liegen. Allerdings hilft Ihnen dies nicht weiter. Im Gegenteil, es wird noch schwieriger, denn bis vor kurzem noch fest gefügte Aufgabenbereiche fallen plötzlich auseinander, Ansprechpartner sind nicht mehr auffindbar und etablierte Prozesse hängen plötzlich in der Luft. Es kann Ihnen passieren, dass die im Arbeitsvertrag festgehaltenen Aufgaben schon am ersten Tag der Probezeit überholt sind. Auch hier müssen Sie Eigeninitiative zeigen und selbst daran arbeiten, neue Schwerpunkte zu bilden und festzulegen.

Expansion: Auch eine starke Firmenexpansion hat so ihre Tücken, weil in den Wachstumsphasen eines Unternehmens Personal sehr schnell in die bestehenden Abläufe und Prozesse integriert werden muss. Die Zeit, die gegeben wird, um sich zurechtzufinden, ist nur sehr kurz. Neue Mitarbeiter, die in dieser dynamischen Situation versuchen, sich stur auf den Arbeitsvertrag zu berufen, werden Probleme bekommen. Man wird ihnen unterstellen, dass sie nicht richtig mitziehen und unflexibel sind. In stark wachsenden Firmen müssen Sie sich deshalb diese Fragen stellen: Wo kann ich die Firma unterstützen? Welche Aufgaben müssen vorrangig angepackt werden? Und was kann ich mir über meine eigentlichen Aufgaben hinaus noch zumuten?

Unsaubere Arbeitsplatzbeschreibung: Es kann durchaus zu Verständnisproblemen zwischen neuem Mitarbeiter und der Firma kommen, weil die Arbeitsplatzbeschreibung nicht eindeutig formuliert ist. Firmen haben einen ganz eigenen Sprachgebrauch für die Bezeichnung bestimmter Aufgaben. Wird ein Mitarbeiter für die »Kundenpflege« eingestellt, kann es sein, dass er Kundendaten am PC pflegen, Akquisitionsaufgaben übernehmen, Kunden telefonisch betreuen, Kunden persönlich besuchen oder auch Kundenreklamationen bearbeiten soll. Der Ausdruck »Kundenpflege« im Arbeitsvertrag ist dann nicht konkret genug formuliert. Und oft müssen Sie leider selbst erst einmal herausfinden, was genau eigentlich von Ihnen erwartet wird.

Was gehört zu meinen Aufgaben?

Glücklicherweise werden Sie nur in den allerseltensten Fällen in der Probezeit völlig in der Luft hängen. Einen mehr oder weniger klar umrissenen Aufgabenbereich werden Sie mit großer Wahrscheinlichkeit vorfinden, was Sie aber auf jeden Fall tun müssen, ist, den nötigen Feinschliff Ihrer Aufgabengebiete vorzunehmen. Sie müssen herausbekommen, wie die Erwartungen Ihres überaus komplexen Umfeldes an Sie sind.

So gibt es die Erwartungen Ihres Chefs, welche Ergebnisse er sich von Ihrer Arbeit verspricht. Die Kollegen wiederum haben ihre eigenen Vorstellungen davon, wie Sie sie entlasten sollen. Im Zeitalter von Projektarbeit und abteilungsübergreifenden Arbeitsgruppen kommen noch zahlreiche Abstimmungsprozesse hinzu. Zu guter Letzt müssen Sie auch noch die Unternehmenskultur berücksichtigen, die die Vorstellungen der Firmenleitung beinhaltet.

Werden Sie zum Detektiv in Sachen Aufgabenerkundung. Geben Sie Ihrer Probezeit so schnell wie möglich den richtigen Schwung, indem Sie möglichst genau herausfinden, welche Aufgaben Sie in den Griff bekommen müssen. Hierbei hilft Ihnen unsere Übersicht *Erwartungen abgleichen*.

Erwartungen abgleichen

- Welche Aufgaben sollen Sie laut Arbeitsvertrag erledigen?
- Welche Aufgaben hat Ihr Vorgänger übernommen?
- Was halten Sie für wichtig, um die vorgegebenen Ziele zu erfüllen?
- Wie gehen die Kollegen an die Aufgaben heran?
- Mit wem müssen Sie sich in der Firma offiziell abstimmen?
- Gibt es inoffizielle Kanäle, die Sie berücksichtigen müssen?
- Was erwartet Ihr direkter Vorgesetzter von Ihnen?
- Wer bewertet Ihre Arbeitsergebnisse?
- Kümmert sich der Vorgesetzte selbst um die Verteilung der Aufgaben in der Abteilung?
- Müssen Sie sich mit den Kollegen über die Verteilung der Aufgaben abstimmen?
- Welches Arbeitstempo ist in der Abteilung üblich?
- Welche Arbeiten müssen vorrangig erledigt werden?
- Was gehört zur täglichen Routine in der Abteilung?
- Welche Sonderaufgaben müssen dringend angepackt werden?
- Wie geht der Spezialist in Ihrem Arbeitsgebiet vor?
- Welche Vorgaben macht die Firmenkultur (Gewinnmaximierung, Umsatzsteigerung, Innovation, Kundenorientierung)?

Die Beantwortung der Fragen hat Ihnen dabei geholfen zu erkennen, was Ihr Umfeld sich von Ihnen wünscht. Diese Erkenntnis ist wichtig, um die Probezeit erfolgreich zu bestehen. Sie werden nämlich nicht überzeugen können, wenn Sie stur nur die Dinge tun, die *Sie* für richtig und wichtig halten. Es ist besser, wenn Sie sich an den Erwartungen Ihrer Kollegen, Vorgesetzten und der Firmenleitung orientieren.

Vermeiden Sie es, sich zu verzetteln. Legen Sie den Schwerpunkt Ihrer Arbeit auf die Dinge, die Ihnen am meisten Anerkennung bringen. Gerade in der schwierigen Startphase sollten Sie sich regelmäßig fragen, ob Ihre Kollegen und Ihr Chef wahrnehmen, dass Sie tatsächlich die Dinge tun, die Sie aus deren Sicht tun sollten.

Packen Sie es an!

Schlimm genug, dass die Firmen manchen Neueinsteiger bei der Frage »Was muss ich tun?« in der Luft hängen lassen. Haben Sie dann mühsam herausbekommen, *was* zu Ihren Kernaufgaben gehört, taucht das nächste Problem auf, es gilt, die Frage zu beantworten, *wie* Sie Ihre Aufgaben erledigen sollen.

Im Idealfall gibt es ein Einarbeitungsprogramm, mit dessen Hilfe Sie durch die Probezeit geleitet werden. Man stellt Ihnen einen Mentor, der als fester Ansprechpartner fungiert, zur Seite, und führt Sie schrittweise an die üblichen Abläufe und die gängige Arbeitsweise heran. Dieser Idealfall ist aber leider nicht der Regelfall.

▶ **Vorsicht Falle!** In Zeiten knapper Firmenbudgets und dünner Personaldecken bleiben viele Neulinge sich selbst überlassen.

Richten Sie sich daher darauf ein, dass Sie sich selbst orientieren müssen. Dazu ist es sinnvoll, auf bewährte Bestandteile von Einarbeitungsprogrammen zurückzugreifen, weil Sie sich so Ihr maßgeschneidertes Einarbeitungsprogramm selbst zusammenstellen können. Als Orientierung dient Ihnen unsere Checkliste *Ihr persönliches Einarbeitungsprogramm.*

☑ Ihr persönliches Einarbeitungsprogramm

- ☐ Haben Sie ein Organigramm der Firma?
- ☐ Haben Sie das Infomaterial der Firma gesichtet?
- ☐ Gibt es Informationen im firmeneigenen Intranet, die Ihnen weiterhelfen?
- ☐ Können Sie auf Wissensdatenbanken zurückgreifen?
- ☐ Gibt es erfahrene Kollegen, an die Sie sich wenden können?
- ☐ Arbeiten Sie daran, Netzwerke aufzubauen?
- ☐ Gibt es Kollegen, die ebenfalls noch nicht lange dabei sind und sich selbst noch an ihre Probezeit erinnern können?
- ☐ Haben Sie alle wichtigen Termine (Konferenzen, Abgabetermine, Produkteinführungen, Schulungen) im Blick?
- ☐ Haben Sie eine Liste der Personen, mit denen Sie arbeiten, angefertigt?
- ☐ Enthält diese Liste die jeweilige Position, Aufgaben, Verantwortungsbereiche, Telefonnummer und E-Mail der Vorgesetzten und Kollegen?
- ☐ Kennen Sie alle gängigen Abkürzungen, die in der Firma verwendet werden?

- ☐ Ist Ihnen klar, welche Aufgaben Vorrang haben und welche ruhig einmal liegen bleiben können?
- ☐ Wissen Sie, wann Sie in Ruhe arbeiten können?

Sie haben nun geklärt, was Sie machen müssen und wie Sie es am besten anpacken können. Gehen Sie nun mit Engagement und Ausdauer an die neuen Aufgaben heran und zeigen Sie, dass von Ihnen einiges zu erwarten ist und Sie Ihre Stärken und Kompetenzen gerne in den neuen Job einbringen. Wenn Sie die Aufgaben lösen, die Ihren Kollegen, Ihrem Chef, aber auch Ihnen selbst wichtig sind, sind Sie auf dem richtigen Weg. Beachten Sie bei der Aufgabenerledigung aber auch die richtige Reihenfolge.

▶ **Das sollten Sie sich merken:** Der Hauptadressat Ihrer Anstrengungen sollte Ihr Vorgesetzter sein. Er ist es schließlich, der darüber entscheidet, ob die Probezeit gut gelaufen ist.

Erledigen Sie die Ihnen vom Chef zugewiesenen Aufgaben unbedingt termingerecht. Erarbeiten Sie im Zweifelsfall lieber erst einmal ein Teilergebnis als gar kein Ergebnis.

In Bezug auf die Kollegen ist es oft schwierig, eine Balance zu finden. Selbstverständlich sollen die Kollegen das Gefühl bekommen, dass Sie eher eine Erleichterung als eine Belastung für die Abteilung darstellen, aber Sie müssen zugleich aufpassen, dass Sie von Ihren Kollegen nicht mit von ihnen ungeliebten Aufgaben eingedeckt und völlig vereinnahmt werden.

Achten Sie darauf, dass Sie auch Ihre eigenen Vorstellungen mit in die Arbeit einfließen lassen. Vorrangig ist aber auf jeden Fall, Ihrem betrieblichen Umfeld zu signalisieren, dass Sie schon nach kurzer Zeit das Tagesgeschäft sicher im Griff haben.

6

Die neuen Kollegen

Dass sich der Anpassungsprozess während der Probezeit nicht nur auf die neuen fachlichen Aufgaben beschränkt, sondern insbesondere auch die Integration in ein neues Team fordert, überrascht Neueinsteiger oftmals sehr.

Die neuen Aufgaben spielen auf den ersten Blick die Hauptrolle, in der Praxis ist es aber so, dass eine gute Beziehung zu den Kollegen genauso wichtig ist. Was passiert, wenn diese gute Beziehung nicht aufgebaut wurde, kann man in vielen Firmen beobachten, dort werden Neueinsteiger ausgegrenzt und häufig von wichtigen Informationen abgeschnitten, man wirft ihnen Knüppel zwischen die Beine, lässt sie in Konferenzen auflaufen oder ignoriert sie schlichtweg.

▶ **Vorsicht Falle!** Wer darauf vertraut, dass sich die Dinge irgendwie von allein entwickeln, gerät oftmals in eine Sackgasse. Dann entsteht nämlich eine große Ratlosigkeit oder Frustration, falls sich das menschliche Miteinander als schwierig erweist.

Damit es Ihnen leichter fällt, einen guten Draht zu Ihren neuen Kollegen aufzubauen, werden wir Ihnen nun erläutern, was Sie tun können, um mit den Vorlieben und Eigenarten der Kollegen souverän umzugehen. Auch wenn die meisten Kollegen dem Neueinsteiger zunächst aufgeschlossen gegenüberstehen, gibt es doch gravierende Unterschiede, wie man dem Neuling begegnet. Grob gesagt lassen sich drei Kategorien von Kollegen unterscheiden:

die Unterstützer, die Skeptiker und die Neutralen. Das ist Grund genug, um im Folgenden diese drei Gruppen einmal genauer unter die Lupe zu nehmen.

Die Unterstützer

Unterstützende Kollegen erleichtern Ihnen den Anpassungsprozess zunächst einmal, denn es ist ein gutes Gefühl, wenn man an die Hand genommen wird und ein erfahrener Kollege einen an die bestehenden Aufgaben heranführt. Dies kann Vorteile, aber auch Nachteile für Sie haben. Es ist wichtig, zu wissen, woran Sie denken müssen, um mit Unterstützern gut zurechtzukommen.

Vorteile des Unterstützers: Den Unterstützer erkennen Sie daran, dass er von sich aus auf Sie zugeht, Sie im Kreis der neuen Kollegen willkommen heißt und sogleich versucht, auch einiges über Sie zu erfahren. Grundsätzlich ist es gut, wenn neue Kollegen von sich aus den Kontakt zu Ihnen suchen. So gewinnt das neue Team gleich ein Gesicht. Sie fühlen sich nicht mehr so verloren, denn Sie haben nun einen konkreten Ansprechpartner zur Verfügung, der Ihnen wertvolle Tipps geben kann.

So wird es für Sie von Interesse sein, zu erfahren, ob es in der Firma üblich ist, dass der Neue zum Einstand ein Frühstück organisiert oder auf einen Umtrunk einlädt. Sie können erfragen, wie sich die Kollegen untereinander anreden, also ob das persönlichere »Du« oder das distanziertere »Sie« gängig ist. Der Zugriff auf Büromaterial, Arbeitswerkzeuge oder Schutzkleidung gestaltet sich ebenfalls einfacher, wenn man Ihnen hilfreich zur Seite steht.

Unterstützer sind nicht nur in der Startphase wertvoll, der Kontakt zu ihnen ist auch im weiteren Verlauf der Probezeit von Vorteil für Sie, weil Sie sich immer an Sie wenden können, wenn Sie Informationen zur Erledigung Ihrer Arbeitsaufgaben brauchen, etwas über geeignete Ansprechpartner im Unternehmen erfahren wollen oder sich über die Eigenarten von Vorgesetzten Klarheit verschaffen möchten. Denn auf die Auskunftsfreude der Unterstützer können Sie zählen.

Darüber hinaus kann der Unterstützer für Sie auch eine Eintrittskarte zu informellen Netzwerken in der Firma sein, denn wenn er mit Ihnen warm geworden ist, wird er gerne auch für Sie Kontakte zu sonst abgeschotteten Zirkeln herstellen. Vielleicht verschafft er Ihnen sogar strategisch wichtige Informationen, die Sie nutzen können, um Ihre Einbindung in die Firma zu festigen, oder aber er öffnet Ihnen Türen, die es Ihnen erleichtern, Ihre Aufgaben zu erledigen.

Zudem ist es auch hilfreich, ein offenes Ohr bei Problemen zu finden, da gerade in der Probezeit nicht immer alles glatt läuft. Der Druck, der dann unweigerlich auf einem selbst lastet, wird doch deutlich gemindert, wenn ein verständnisvoller Zuhörer versichert, dass man mit seinem Problem nicht allein dasteht.

Nachteile des Unterstützers: Die Vorteile des Unterstützers können sich leider zum Nachteil verkehren. Positiv wird immer bleiben, dass Sie schneller und reibungsloser ins neue Team aufgenommen werden, aber wenn Sie nicht aufpassen, binden Sie sich nicht nur vorschnell an einen bestimmten Kollegen, sondern auch an eine ganz bestimmte Gruppierung innerhalb der Firma.

▶ **Vorsicht Falle!** Wenn Sie Pech haben, steht der Unterstützer in Ihrer Abteilung isoliert da. Dann haben Sie zwar einen neuen Freund gewonnen – aber gleichzeitig auch viele neue Feinde.

Auch das Bedürfnis des Unterstützers, viel über Sie erfahren, kann sich schnell in einen handfesten Nachteil verwandeln, insbesondere dann, wenn Sie Dinge von sich preisgeben, die gegen

Sie verwandt werden können. Es ist nämlich nicht gesagt, dass der Kollege, der sich zunächst als Ihr Unterstützer präsentiert, das auch auf Dauer bleiben wird.

Vor allem, wenn Sie nicht mehr seine Erwartungen erfüllen, kann er von Ihrem Unterstützer zu Ihrem größten Kritiker werden. Solange Sie für ihn die Rolle des hilflosen Anfängers spielen, ist alles in Ordnung. Aber wehe, Sie versuchen, eigene Vorstellungen gegen ihn durchzusetzen, denn dann kann es sein, dass er enttäuscht ist und Sie dies auch spüren lässt. Schlimmstenfalls führt das so weit, dass Sie sich am Ende unabsichtlich einen ernsthaften Feind geschaffen haben, weil Sie es gewagt haben, aus seinem Schatten herauszutreten. So dramatisch entwickelt sich eine anfänglich gute Beziehung natürlich nur in extremen Fällen.

Problematisch ist auch, dass Sie bei einer zu starken Fixierung auf den Unterstützer eventuell eine durch ihn geprägte Sichtweise auf die anderen Kollegen, die Chefs und die optimale Arbeitsweise einnehmen, die Sie bei einer unvoreingenommenen Haltung vielleicht gar nicht teilen würden. Denn das, was der Unterstützer für sich als beste aller Vorgehensweisen reklamiert, muss nicht zwingend die für Sie beste Methode sein.

Sie müssen auch damit rechnen, dass der Unterstützer irgendwann eine Gegenleistung von Ihnen einfordert. Insbesondere wenn er Sie in Netzwerke integriert hat, wird er von Ihnen erwarten, dass Sie auch für ihn bestimmte Türen öffnen, sobald Ihnen das möglich ist. Wenn es Ihnen nicht gelungen ist, zu Ihrem Mentor eine kritische Distanz zu wahren und darauf zu achten, wie viel und wie oft Sie seine Hilfe annehmen, kann es für Sie schwierig werden, im rechten Moment auszusteigen. Ganz besonders dann, wenn Sie sich auf nicht ganz korrekte Gefälligkeiten eingelassen haben.

Auch die Informationen über die Vorlieben des Chefs und der allgemeine Tratsch und Klatsch, den Sie über den Unterstützer mitbekommen, bergen Gefahren. Sie machen sich unter Umständen zu sehr die Sichtweise des Unterstützers zu eigen, wenn Sie seine Informationen ungeprüft übernehmen und darauf verzichten, sie zu hinterfragen.

Tipps für den Umgang mit dem Unterstützer: Wenn der Unterstützer Ihnen die Hand reicht, sollten Sie sie ruhig ergreifen. Behandeln Sie ihn freundlich, wahren Sie aber immer die nötige Distanz.

Damit er Ihnen wohlgesinnt bleibt, sollten Sie ihn am Anfang des Arbeitstages stets mit einem freundlichen Lächeln und namentlich begrüßen.

▶ **Das sollten Sie sich merken:** Nutzen Sie die positiven Aspekte, die Ihnen ein Unterstützer im neuen Kollegenkreis bietet, ohne sich ihm auszuliefern.

Betreiben Sie Small Talk mit dem Unterstützer, gehen Sie aber nicht auf persönliche Schwierigkeiten, Krisen oder Probleme ein. Sonst besteht die Gefahr, dass Sie zum Opfer von Firmentratsch und Klatsch werden.

Erfragen Sie Ihrerseits einige private Informationen vom Unterstützer. Sie können sich nach Hobbys, Freizeitinteressen, Kindern, Lebenspartnern und Ehrenämtern erkundigen. So festigen Sie das Band, ohne dass die Gefahr besteht, sich in heikle Themen zu verstricken.

Achten Sie darauf, dem Unterstützer genügend Feedback zu geben. Sagen Sie ihm also, wenn Ihnen einer seiner Tipps besonders geholfen hat oder ein neuer Kontakt mithilfe seiner Unterstützung zustande gekommen ist. Scheuen Sie sich aber nicht, die angebotenen Kontakte nach der Nützlichkeit für Ihre eigenen Interessen zu selektieren. Denken Sie immer daran, dass Sie in keiner Weise verpflichtet sind, den Wünschen des Unterstützers nachzukommen: Er macht Ihnen Angebote, die Sie annehmen oder freundlich ablehnen können. Folgen Sie ihm nicht blind!

Die Hinweise des Unterstützers, wenn es darum geht, Ihre Vorgesetzten und Kollegen einzuschätzen, sollten Sie immer mit Vorsicht betrachten. Bemühen Sie sich darum, die erhaltenen Informationen durch eigene Beobachtung oder andere Quellen zu untermauern, bevor Sie sich dieser Einschätzung anschließen. Machen Sie sich lieber Ihr eigenes Bild, statt ein fremdes vorschnell zu übernehmen. Bei Meinungsverschiedenheiten sollten Sie dem Unterstützer versöhnlich entgegentreten. Auf begründete Einwände, die freundlich vorgetragen werden, wird er immer Rücksicht nehmen. Gehen Sie mit dem Unterstützer stets höflich und kollegial um, wahren Sie aber Ihren eigenen Standpunkt!

Die Skeptiker

Skeptiker findet man eigentlich in jedem Team. Sie sind stets der Meinung, dass der Neue Unruhe mit in die Abteilung bringt, daher stehen sie Neulingen eher kritisch gegenüber. Sie erkennen die Skeptiker schnell daran, dass sie fast ausschließlich schlechte Nachrichten überbringen oder sich in Schwarzmalerei ergehen. Es ist aber von Vorteil für Sie, wenn Sie es schaffen, mit den Skeptikern klarzukommen.

Vorteile des Skeptikers: Die Vorteile des Skeptikers zu sehen fällt den allermeisten Neulingen schwer. Schließlich ist es gar nicht so leicht, mit miesepetrigen Kollegen den Arbeitstag verbringen zu müssen und von ihnen die ganze Zeit über mit trüben Gedanken, Vorhaltungen und schlechter Laune konfrontiert zu werden.

Es lohnt sich gerade bei skeptischen Kollegen, erst einmal einen Blick hinter die Fassade zu werfen, um zu verstehen, worauf die an den Tag gelegte Skepsis eigentlich genau fußt. Manche

Kollegen verhalten sich nämlich nur deshalb so misstrauisch, weil sie schon mehr als einmal schlechte Erfahrungen mit neuen Kollegen gemacht haben. Andere fürchten, dass Unruhe in den gewohnten und geschätzten Arbeitsalltag kommt. Es gibt darüber hinaus auch sehr sensible Skeptiker, die feine Antennen für Probleme in der Firma haben und früher als andere spüren, dass etwas schief gehen wird. Und dann kommen noch die Platzhirsche der Abteilung hinzu, die jeden Neuling als potenziellen Konkurrenten einstufen und versuchen, ihn von Anfang an so klein wie möglich zu halten.

Ein großer Vorteil von Skeptikern ist, dass es ihnen meist schwer fällt, sich zu verstellen. Deshalb wissen Sie von Anfang an, woran Sie sind. Natürlich wäre es schöner, wenn Sie, statt auf Misstrauen zu treffen, mit Unterstützung rechnen könnten. Aber immerhin ergeben sich im Umgang mit Skeptikern keine bösen Überraschungen für Sie, weil diese mit ihren Zweifeln, ihrer Kritik oder ihrer Ablehnung nicht hinter dem Berg halten.

Skeptiker haben den Vorteil, dass Sie sie als Seismografen nutzen können. Durch sie bekommen Sie frühzeitig mit, wo etwas im Argen liegt, wo Sie in der Firma auf Widerstände treffen werden und was zu den Tabuthemen in der Firma gehört. So können Sie sich die »blutige Nase«, die sich der eine oder andere Skeptiker bereits geholt hat, ersparen.

- **Das sollten Sie sich merken:** Wenn Sie es schaffen, mit dem Skeptiker zurechtzukommen, wird nicht nur er Ihnen Respekt zollen, sondern auch der Rest der Abteilung.

Es ist durchaus ein Verdienst, sich auch mit schwierigen Kollegen zusammenraufen zu können. Haben Sie es geschafft, den Argwohn des Skeptikers zu überhören und die eine oder andere nützliche Information aus seinen Ausführungen herauszufiltern, können Sie einen Freund fürs Leben gewinnen. Der Skeptiker weiß es zu schätzen, wenn er ernst genommen wird. Gerade sehr sensible und Skeptiker mit schlechten Erfahrungen sind froh, wenn man ihnen – entgegen ihren sonstigen Erfahrungen – Wertschätzung entgegenbringt.

Nachteile des Skeptikers: Ein großer Nachteil ist natürlich die schlechte Stimmung, die Skeptiker verbreiten. Wenn Sie ständig nur hören, was nicht funktioniert und vor welch unlösbaren Problemen Sie stehen, wird es schwer, eine positive innere Einstellung zum neuen Job zu entwickeln. Generell bekommen Sie vom Skeptiker wenig verwertbare Informationen, und auf seine Hilfe bei der Lösung beruflicher Probleme dürfen Sie auch nicht bauen.

Die Kollegen, deren Misstrauen auf schlechten Erfahrungen beruht, sind am unauffälligsten. Sie werden sich zunächst eher distanziert verhalten und aus der sicheren Deckung heraus ihre kritischen Anmerkungen von sich geben. Unangenehm wird es aber, wenn sie sich mit ihrer Kritik auf Sie einschießen, weil Sie dann dauernd im Fokus stehen, wenn etwas schief läuft.

Wenn Sie auf einen Skeptiker treffen, der sich in seiner Arbeit vergräbt, haben Sie zusätzlich das Problem, dass er sich jede Neuerung verbitten wird. Er will vor sich hin wurschteln wie bisher, und da sind Sie als Neuer, der womöglich frischen Wind in die Abteilung bringen will, ein echter Störfaktor.

Skeptiker der sensiblen Kategorie können schnell zu Zeitdieben werden. Da sie ihre Bedenken stets unmittelbar loswerden müssen, sind Sie als Neuling ein bevorzugtes Opfer, um sich anhören zu müssen, was alles nicht richtig läuft, da sich kein anderer Kollege die Geschichten mehr anhören mag.

Bei dem Typ, der bei jedem Neuling seine Position in der Abteilung gefährdet sieht, haben Sie es sogar noch schwerer, weil er nicht von Anfang an mit offenem Visier kämpfen wird. Vielmehr zeigt es sich erst im Laufe der Zeit, ob er Ihnen immer wieder Steine in den Weg legt, um Sie zu blockieren.

▶ **Vorsicht Falle!** Der Platzhirsch wird auch Intrigen nutzen, um Sie in die Schranken zu weisen. Zudem ist er unberechenbar.

Verlassen Sie sich nicht darauf, dass er sein joviales Verhalten, das er am Anfang Ihnen gegenüber an den Tag legt, beibehält. Passt ihm etwas nicht, kann er sehr angriffslustig werden. Er neigt auch dazu, sich mit fremden Federn zu schmücken. Das hat zur Folge, dass er – ohne mit der Wimper zu zucken – Ihre Leistung als eigene ausweisen wird, solange in der Abteilung alles erfolgreich läuft. Läuft es aber nicht gut, dann wird er Sie – als schwächstes Mitglied der Abteilung –, ohne zu zögern, als Bauernopfer präsentieren.

Tipps für den Umgang mit dem Skeptiker: Der wichtigste Ratschlag für den Umgang mit Skeptikern ist, Ihnen freundlich, aber bestimmt entgegenzutreten.

Spüren Sie ruhig in den Problemschilderungen der Skeptiker den für Sie relevanten Warnhinweisen nach, aber lassen Sie sich auf keinen Fall von der pessimistischen Grundstimmung anstecken. Gespräche mit Skeptikern sollten Sie im eigenen Interesse kurz halten, denn je länger Skeptiker zu Wort kommen, desto mehr steigern sie sich in die Ungerechtigkeiten der Weilt hinein und reden sich in Rage. Sie müssen den Kontakt zu Skeptikern auch deswegen stark einschränken, damit Ihr Vorgesetzter Sie nicht im Lager der Blockierer und Bedenkenträger vermutet.

▶ **Das sollten Sie sich merken:** Scheuen Sie sich nicht davor, den Skeptikern vor Augen zu führen, dass Sie durchaus Handlungsmöglichkeiten sehen. Hoffen Sie nicht auf Einsicht, aber positionieren Sie sich als konstruktiver und handlungsorientierter neuer Mitarbeiter.

Holen Sie Ihre misstrauischen Kollegen ruhig mit ins Boot und betonen Sie bei nützlichen Warnhinweisen deren Wert für Ihre Arbeit. Auf diese Weise schaffen Sie es, den Skeptiker Ihnen gegenüber zu öffnen. Der Skeptiker wird zwar argwöhnisch bleiben, aber damit anfangen, Ihnen zu vertrauen. Schließlich haben Sie es geschafft, den berechtigten Kern seiner Klagen zu erkennen. Endlich fühlt er sich verstanden.

Aus Sicht hartgesottener Skeptiker hat leider sowieso alles keinen Sinn. Sie haben die Einstellung, dass »die da oben in der Firma« doch sowieso machen, was sie wollen. Diese pauschale Vorgesetztenschelte dürfte auch schon Ihrem Chef zu Ohren gekommen sein. Vermeiden Sie es deswegen auf jeden Fall, auf die Vorgesetztenschelte einzugehen. Der Skeptiker könnte Sie sonst bei anderen Kollegen als Verbündeten präsentieren. Damit hätten Sie sich auf die falsche Seite gestellt und bei Ihrem Chef äußerst schlechte Karten.

Während es bei den meisten Skeptikern genügt, sie möglichst weiträumig zu umgehen, werden Sie sich mit dem Platzhirsch auseinander setzen müssen. Lassen Sie ihm ruhig seinen großen Auftritt in der Abteilung, aber wenden Sie sich mit Ihren Fragen lieber an andere Kollegen. Haben Sie das Gefühl, dass er an Ihren Arbeitsergebnissen auffällig interessiert ist, müssen Sie vorsichtig sein. Spielen Sie auf Zeit und betonen Sie, dass die Ergebnisse noch nicht präsentationsreif sind. So bekommen Sie die nötige Zeit, um eine Ergebniszusammenfassung zuerst mit Ihrem Vorgesetzten zu besprechen, und die Gefahr, dass ein anderer sich mit Ihren Erfolgen schmückt, ist gebannt.

Die Neutralen

Die Mehrheit Ihrer Kollegen wird Ihnen bei Ihrem Einstieg zunächst neutral gegenüberstehen. Sie werden aus der Distanz beobachten, wie Sie sich anstellen, und sich erst nach und nach ein Urteil über Sie bilden.

Vorteile des Neutralen: Neutrale Kollegen erkennen Sie an ihrem abwartenden Verhalten. Diese Kollegen werden Sie einfach Ihre Arbeit machen lassen und sich nur wenig einmischen. Dass die Neutralen sich zu Anfang eher reserviert verhalten, bedeutet nicht, dass man Sie ablehnt. Üblicherweise können Sie auch mit einem kollegialen Umgangston rechnen.

Im Gegensatz zum Unterstützer und zum Skeptiker werden die Neutralen nicht von sich aus Kontakt zu Ihnen suchen. Das ist vielen Neueinsteigern sehr recht, da sie sich dadurch auf ihre Aufgaben konzentrieren können. Die abwartend beobachtenden Kollegen sind weder auf der Suche nach einem neuen Freund noch nach einem Blitzableiter für schlechte Stimmung.

▶ **Das sollten Sie sich merken:** Für Neutrale steht der Job mit seinen Aufgaben im Mittelpunkt. – Und diese Einstellung erwarten sie auch von anderen.

Der Vorteil beim Neutralen ist, dass Sie sich nicht darum sorgen müssen, wie Sie genug Distanz zu ihm wahren, und dass die Gefahr, vereinnahmt zu werden, sehr gering ist. Der Neutrale wird weder versuchen, Sie auf seine Seite zu ziehen, noch wird er die Absicht verfolgen, Sie in eine bestimmte Gruppierung in der Abteilung zu drängen.

Vom Neueinsteiger fordert der Neutrale nur wenig, wenn es darum geht, persönliche Beziehungen zu ihm zu gestalten. Der

Neue wird erst einmal so akzeptiert, wie er ist, und kann sich so in Ruhe seinen beruflichen Aufgaben widmen. Das ist gerade in der stressigen Anfangsphase im neuen Job von Vorteil, weil Sie sich ohne persönliche Reibungsverluste in die Arbeit stürzen können.

Nachteile des Neutralen: Dass der Neutrale sich abwartend verhält, heißt nicht, dass er keine Erwartungen an Sie hat. Sie haben bei ihm nur mehr Freiräume, die Sie allerdings auch ausfüllen müssen. Vielen Neueinsteigern erscheint der Neutrale distanziert und unnahbar. Er vermittelt gerade empfindsamen Neulingen oft das Gefühl, dass er sie in der Luft hängen lässt und nicht daran interessiert ist, sie ins Team zu integrieren.

So kann sich der Vorteil, dass der Neutrale von sich aus wenig auf den Neueinsteiger zugeht, schnell in einen massiven Nachteil verkehren. Nämlich dann, wenn sich der Neue bei der Erledigung seiner Aufgaben verrennt und seine Kollegen es nicht merken beziehungsweise ihn nicht darauf aufmerksam machen.

▶ **Vorsicht Falle!** Der Informationsaustausch mit einem neutral eingestellten Kollegen kann problematisch sein, weil er erwartet, dass Sie sich aus eigenem Antrieb an ihn wenden und gezielt nach Informationen fragen.

Aus seiner Sicht hat nicht er eine Bringschuld, sondern Sie haben eine Holschuld, wenn es darum geht, für die Arbeit relevante Informationen zusammenzutragen.

Gerade weil diese Kollegen Ihnen auch Fehler zugestehen, dürfen Sie nicht hoffen, dass sie Sie von sich aus auf den richtigen Weg bringen. Zu ihrer Philosophie gehört, dass jeder für sich selbst verantwortlich ist und jeder für seine Fehler selbst geradestehen muss.

Es gibt Neutrale, die aufgrund ihrer Leistungsorientierung ein sehr enges Verhältnis zum Chef aufgebaut haben. Bei diesen Kollegen müssen Sie damit rechnen, dass sie Ihren Vorgesetzten sehr schnell darüber informieren werden, wenn es bei Ihnen nicht rund läuft. Sie müssen sich darauf einstellen, dass Ihr Chef schneller darüber im Bild ist, als Ihnen lieb sein dürfte, falls es zu Terminverzögerungen oder fehlerhafter Informationsweitergabe kommt.

Wenn der Neutrale nicht mit Ihrer Arbeitsleistung zufrieden ist, beeinflusst das auch Ihr persönliches Verhältnis zueinander unmittelbar, denn wenn sich der Neutrale enttäuscht fühlt, ist er kaum noch zu Small Talk bereit. Die Atmosphäre wird dann recht frostig.

Tipps für den Umgang mit dem Neutralen: Prinzipiell werden Sie mit sich neutral verhaltenden Kollegen gut zurechtkommen, weil Ihnen diese Gruppe den persönlichen Umgang nicht besonders schwer macht.

Seien Sie sich aber bewusst, dass Sie auch hier unter genauer Beobachtung stehen. Die Neutralen werden sehr genau registrieren, wie Sie an Aufgaben herangehen und wie Ihre Arbeitsergebnisse aussehen.

Wenn Sie bei der Erledigung Ihrer Aufgaben vor Problemen oder besonderen Herausforderungen stehen, sollten Sie sich unbedingt an einen neutralen Kollegen wenden und seine Meinung zur weiteren Vorgehensweise einholen. Warten Sie nicht, bis Sie vor lauter Schwierigkeiten nicht mehr ein noch aus wissen, sondern benennen Sie Ihr Problem frühzeitig so präzise wie möglich, und holen Sie dazu vom Neutralen Rat ein.

Diese Kollegen schätzen es auch, wenn Sie von Ihnen über Ihre Arbeitsfortschritte informiert werden. Es kann sich lohnen, einmal ein Zwischenergebnis vorzulegen und um eine Stellungnahme dazu zu bitten. So können die Neutralen erkennen, dass

Sie sich bemühen und es richtig machen wollen. Sie dürfen allerdings nicht wegen jeder Kleinigkeit vorstellig werden, da die Neutralen grundsätzlich erwarten, dass Sie sich alleine durchbeißen.

- **Das sollten Sie sich merken:** Bereiten Sie sich gut auf Meetings, Teamsitzungen und Konferenzen vor, denn auch dort will der Neutrale erkennen können, dass Sie zu produktiver Mitarbeit fähig sind.

Da der Neutrale konstruktives Arbeiten schätzt, wird er es Ihnen hoch anrechnen, wenn Sie gute Vorschläge von Kollegen unterstützen. Natürlich hat er auch nichts dagegen, wenn Sie sich von Zeit zu Zeit auf seine Seite schlagen, aber Sie müssen Ihre Unterstützung begründen können, mit Anbiederung kann er nur wenig anfangen.

Haben Sie bei einem Kollegen erkannt, dass er das Vertrauen Ihres Vorgesetzten genießt, sollten Sie ihm gegenüber ruhig einmal durchblicken lassen, dass Sie mit Ihrer Arbeit vorankommen und mit Ihrem neuen Job sehr zufrieden sind. Auf diese Weise erreichen Ihre positiven Signale auch den Vorgesetzten.

Sie müssen den Neutralen mit Ihren Leistungen überzeugen. Wenn Sie gute Arbeit abliefern und sich die Einstellung zu Eigen machen, dass Sie selbst für die Informationsbeschaffung verantwortlich sind, werden Sie unter den Neutralen auf Dauer verlässliche Kollegen finden, mit denen Sie reibungslos zusammenarbeiten können.

Unsere Unterteilung in Unterstützer, Skeptiker und Neutrale wird Ihnen dabei helfen, Ihre neuen Kollegen schneller und besser einschätzen zu können. Profitieren Sie im Umgang mit diesen Kollegentypen von den oben aufgeführten Vorteilen – ohne die beschriebenen Nachteile aus den Augen zu verlieren!

Alle Menschen – so auch Ihre Kollegen – wollen unterschiedlich behandelt werden. Beherzigen Sie deshalb unsere speziellen Tipps für den Umgang mit Ihren neuen Kollegen.

Warten Sie nicht darauf, dass sich persönliche Beziehungen von allein entwickeln werden. Sie können einiges dafür tun, um die Kontakte zu den neuen Kollegen von Anfang an so zu gestalten, wie Sie es sich wünschen. Und diese Chance sollten Sie auf jeden Fall nutzen.

7

Der neue Chef

Sie können sich noch so viel Mühe mit den neuen Kollegen oder der Bewältigung der neuen Aufgaben geben: Wenn Sie es nicht schaffen, mit Ihrem neuen Chef beziehungsweise Ihrer neuen Chefin zurechtzukommen, wird die Probezeit unweigerlich in einer Katastrophe enden, deshalb ist es wichtig, gleich zu Beginn eine gute Beziehung zum neuen Vorgesetzten aufzubauen.

Das ist leichter gesagt als getan, denn auch der Umgang mit Ihrem neuen Chef ist kein Selbstläufer. Im Gegenteil: In den regelmäßig veröffentlichten Umfragen zum Verhältnis von Chef und Mitarbeiter in Zeitungen, Zeitschriften und im Internet wird immer wieder beklagt, dass die wenigsten Mitarbeiter mit ihren Vorgesetzten wirklich zufrieden sind. Kritikpunkte, die häufig genannt werden, sind zu seltenes Feedback, zu wenig Anerkennung und eine nur mangelhafte Verlässlichkeit. Es hilft aber nicht weiter, in eine allgemeine Chefschelte zu verfallen und sich darüber zu beschweren, dass »die da oben sowieso machen, was sie wollen«. Glücklicherweise gibt es nicht nur schlechte Chefs, sondern auch gute – und solche, die zumindest für ein vernünftiges Arbeitsklima sorgen.

Wie ist mein Chef?

Die üblichen Klischees, die über Chefs im Umlauf sind, verheißen nichts Gutes. Da ist die Rede von Pedanten, Schaumschlägern, Launischen, Cholerikern, Tyrannen, Distanzierten, Blendern,

Überforderten und Polterern. Weiter geht es mit den *Neurosen der Chefs* oder den *Nieten in Nadelstreifen.* Es fällt auf, dass Vorgesetzte von Natur aus bösartig, berechnend und hinterhältig sein sollen, und fast gewinnt man den Eindruck, dass psychische Störungen eine Grundvoraussetzung dafür sind, um Chef werden zu können.

Auch wenn diese plakativen Beschreibungen gelegentlich zutreffen, bilden sie doch die berufliche Realität nicht ausreichend ab. Denn es gibt nicht nur die schlechten Chefs, es gibt es auch verlässliche, motivierende, unterstützende, sachliche, kreative, produktive und manchmal sogar humorvolle Vorgesetzte.

Es gilt also, unzulässige Verallgemeinerungen nicht einfach zu übernehmen, sondern sich selbst ein möglichst facettenreiches Bild von Ihrem neuen Chef zu machen. Übernehmen Sie nicht die Vorurteile anderer, sondern bringen Sie lieber selbst in Erfahrung, was für einen Vorgesetzten Sie vor sich haben.

Damit Ihnen die Antwort auf die Frage »Wie ist mein Chef?« leichter fällt, stellen wir Ihnen nun vier Chefkategorien vor, die die berufliche Realität besser abbilden als die oben genannten Klischees. Ausgangspunkt für diese vier Kategorien sind die Erwartungen, die neue Mitarbeiter in der Regel an ihren Chef haben. Diese Erwartungen lassen sich in zwei wichtige Bereiche unterteilen. So wird vom Chef einerseits erhofft, dass er über genügend fachliches Know-how verfügt, und andererseits, dass er seinen Mitarbeitern persönliche Wertschätzung entgegenbringt. Eine Kombination dieser zwei Merkmale führt zu folgenden vier Chefkategorien:

1. Der fachlich versierte und persönlich wertschätzende Chef
2. Der fachlich hilflose, aber persönlich wertschätzende Chef
3. Der fachlich versierte, aber persönlich abwertende Chef
4. Der fachlich hilflose und persönlich abwertende Chef

Der fachlich versierte und persönlich wertschätzende Chef

Wenn Sie sich bei Fragen zur Erledigung der neuen Aufgaben an Ihren Vorgesetzten wenden können und er Ihnen auch noch regelmäßig zeigt, dass er Sie als Person schätzt, haben Sie den idealen Chef.

Merkmale des fachlich versierten und persönlich wertschätzenden Chefs: Fachlich versiert meint nicht, dass Ihr Chef alle Ihre Fragen beantworten können muss, denn trotz seines guten Fachwissens ist er schließlich mehr Generalist als Spezialist. Dennoch ist es für Sie hilfreich, wenn Ihr Chef einen großen Teil Ihrer Fragen selbst beantworten kann.

Positiv wird sich aber auch auswirken, wenn Ihr Vorgesetzter Sie in Zweifelsfragen an die richtigen Ansprechpartner verweisen kann, und zwar sowohl innerhalb als auch außerhalb der eigenen Abteilung. Ihr Chef weiß in der Regel, wer in der Abteilung spezielle Erfahrungen und Kenntnisse hat. Stellt Ihr Vorgesetzter dann auf Ihre Nachfrage einen Kontakt zu den entsprechenden Kollegen für Sie her, haben Sie es leicht, denn wenn der Chef darum bittet, dass man Ihnen hilft, wird dem gerne nachgekommen.

Insbesondere in größeren Firmen und Konzernen ist es wichtig, vom Chef in Informationsnetzwerke außerhalb der eigenen Abteilung eingeführt zu werden. So manche Tür, die sonst verschlossen bliebe, kann ein fachlich versierter Chef mit einem kurzen Anruf für Sie öffnen.

Eine weitere wesentliche Unterstützung ist das Heranführen an die Arbeitsprozesse. Diese Prozesse laufen nämlich nicht in jeder Firma gleich ab. Manche Firmen strukturieren Arbeitsprozesse sehr stark, andere lassen den Dingen einfach ihren Lauf und warten ab, was am Ende dabei herauskommt.

Für Sie ist es beispielsweise wichtig, in Entscheidungsprozessen zu wissen, wer zu welchem Zeitpunkt informiert werden muss, wer mit entscheidet und wer die Macht hat, die benötigten Mittel bereitzustellen. Ohne diese Informationen durch Ihren Vorgesetzten würden Sie mit einem eigenmächtigen Vorgehen Ihre Kollegen unabsichtlich vor den Kopf stoßen. Sicherlich würden Sie aus diesem Schaden klug werden, aber schöner ist es doch, wenn Sie vom Chef rechtzeitig Hinweise darauf bekommen, wie der übliche Ablauf in der Firma ist, um sich entsprechend darauf einstellen zu können.

Unterstützt Ihr Chef Sie nicht nur beim Hineinwachsen in Ihre Aufgaben, sondern drückt Ihnen gegenüber auch regelmäßig seine Wertschätzung aus, haben Sie es gut getroffen.

Es ist klar, dass Sie im neuen Job zu Beginn noch nicht alles perfekt können. Aber für das eigene Wohlbefinden ist es doch äußerst hilfreich, wenn Sie für Ihre Leistungen in den ersten Tagen oder Wochen schon einmal ein kleines Lob oder anerkennende Worte bekommen. Und wenn diese Anerkennung vom Chef geäußert wird, können Sie sich seiner Wertschätzung sicher sein.

Ein weiterer deutlicher Indikator für persönliche Wertschätzung ist die Art und Weise, wie Ihr Vorgesetzter auf Ihre Anmerkungen, Vorschläge und Ideen reagiert. Wenn Sie sich in Meetings, Konferenzen und Besprechungen zu Wort melden und Ihr Chef Sie ausreden lässt und sich mit Ihren Argumenten auseinander setzt, ist dies ein gutes Zeichen.

So mancher Chef bevorzugt auch einen indirekten Stil. Dann wird Ihnen beispielsweise von einem Kollegen unter dem Siegel der Verschwiegenheit zugetragen, dass sich der Chef dem Kollegen gegenüber positiv über Sie geäußert hat. Oder Sie bekommen um mehrere Ecken mitgeteilt, dass Ihr Vorgesetzter mit der von Ihnen ausgearbeiteten Entscheidungsvorlage sehr zufrieden war.

Besonders deutlich wird persönliche Wertschätzung durch die Körpersprache ausgedrückt, die Ihr Chef im Umgang mit Ihnen einsetzt. Dazu gehören Ermunterungsgesten, wenn Sie einen Vorschlag formulieren. So könnte er beispielsweise zustimmend nicken, während Sie Ihre Idee vortragen. Ein eindeutiges Signal für Wertschätzung in Gesprächen mit Vorgesetzten ist auch, wenn sich Ihr Chef – von einem aufmerksamen Blickkontakt begleitet – Ihnen mit seinem ganzen Körper zuwendet, weil es bedeutet, dass der Chef Ihren Ausführungen seine volle Konzentration schenkt.

Tipps für den Umgang mit dem fachlich versierten und persönlich wertschätzenden Chef: Wenn Sie auf einen Chef treffen, der Ihnen hilfreich zur Seite steht und Ihnen signalisiert, dass er Sie zudem als Person schätzt, sind Sie fachlich auf der sicheren Seite und bekommen darüber hinaus einen echten Vertrauensvorschuss eingeräumt.

Sorgen Sie dafür, dass die konstruktive und positive Stimmung erhalten bleibt, indem Sie Ihrem Chef immer wieder kurz Feedback darüber geben, dass Sie die typischen Anlaufschwierigkeiten und -probleme mithilfe seiner Tipps und Anregungen schnell aus dem Weg räumen konnten.

Bedanken Sie sich auch dafür, wenn Ihnen Ihr Vorgesetzter Türen geöffnet und Kontakte aufgebaut hat. Sie brauchen sich dabei nicht zu verbiegen und in eine unangenehme Lobhudelei zu verfallen, aber es ist sicherlich angebracht, wenn Sie bei passender Gelegenheit dem Chef gegenüber kurz erwähnen, dass Sie es bei der Bewältigung Ihrer Aufgaben dank seines Engagements deutlich leichter hatten.

▶ **Das sollten Sie sich merken:** Persönliche Wertschätzung ist keine Einbahnstraße. Sie wird sich zwischen Ihnen und Ihrem Chef umso mehr verfestigen, je mehr auch Sie darauf hinarbeiten, sich loyal zu verhalten.

Achten Sie also in Ihren Kontakten mit dem Vorgesetzten darauf, dass Sie ihn ebenfalls ausreden lassen und sich mit seinen Argumenten beschäftigen. Äußern Sie Kritik an den Vorschlägen Ihres Chefs auf keinen Fall vor anderen. In Konferenzen und Meetings sollte Ihr Chef immer sein Gesicht wahren können. Haben Sie aber fundierte Zweifel daran, ob sich seine Vorschläge umsetzen lassen, sollten Sie das sachliche Gespräch unter vier Augen suchen.

Zu Beginn der Probezeit müssen Sie hier aber besonders vorsichtig vorgehen, denn schließlich sind Sie der Neue, und Ihr Chef wird in der Regel wissen, was er zu tun hat.

Nutzen Sie auch die Macht der Körpersprache, um Ihre Wertschätzung gegenüber Ihrem Chef deutlich zu machen. Verwenden Sie ebenfalls Zustimmungsgesten, und halten Sie Blickkontakt, wenn er sich mit Ihnen unterhält.

Übt Ihr Chef Kritik an Ihnen, sollten Sie dies nicht als persönlichen Angriff, sondern als Anregung auffassen. Ergründen Sie den sachlichen Kern, der hinter der Kritik steht, und überlegen Sie sich, was Sie künftig anders machen können. Mehr zum Umgang mit Kritik erfahren Sie im Kapitel *Kritik bringt Sie weiter.*

Der fachlich hilflose, aber persönlich wertschätzende Chef

Es kommt nicht selten vor, dass Mitarbeiter in ihrem Arbeitsgebiet ausgewiesene Spezialisten sind, denen der Chef fachlich längst nicht mehr das Wasser reichen kann. Das ist aber kein Problem, solange die persönliche Beziehung zwischen Chef und Mitarbeiter stimmt.

Merkmale des fachlich hilflosen, aber persönlich wertschätzenden Chefs:
Gründe für eine fachliche Hilflosigkeit von Chefs gibt es viele. Mancher erfahrene alte Chef hat den Anschluss an die neuesten

Entwicklungen verpasst und kann deswegen bei der Bewältigung der in der Abteilung üblichen Fachaufgaben nicht mehr mithalten.

Aber auch das Gegenteil kommt vor: Junge Führungskräfte mit wenig Facherfahrung haben aufgrund ihres guten Drahts zur Geschäftsleitung einen Karrieresprung gemacht und sind zunächst damit ausgelastet, in ihre neue Führungsaufgabe hineinzuwachsen. Aus diesem Grund haben sie für eine intensive Beschäftigung mit den fachlichen Aufgaben ihrer Mitarbeiter kaum Zeit.

Es kann auch passieren, dass eine eigentlich fachlich versierte Führungskraft auf eine andere Stelle im Unternehmen berufen wird, obwohl sie für diese Stelle nicht das nötige Hintergrundwissen mitbringt. Nach dem Motto »Jede Führungskraft ist so gut, wie die Mitarbeiter, die sie führt« wird von der Geschäftsleitung mitunter großzügig über die offensichtlich vorhandenen fachlichen Defizite der Führungskraft hinweggesehen. Man baut dann darauf, dass die in der alten Stelle nachgewiesenen Führungsfähigkeiten für die erfolgreiche Ausübung der neue Position ausreichen werden.

Wenn Sie aus den genannten oder ähnlichen Gründen von Ihrem neuen Chef in fachlicher Hinsicht eher wenig direkte Unterstützung zu erwarten haben, muss sich das nicht grundsätzlich negativ für Sie auswirken. Wichtig ist es, seine persönliche Wertschätzung zu haben. Ob das der Fall ist erkennen Sie – wie oben ausgeführt – an positiven Rückmeldungen, am konstruktiven Gesprächsverhalten, durch indirektes Feedback über Kollegen und an einer Wertschätzung ausdrückenden Körpersprache.

Tipps für den Umgang mit dem fachlich hilflosen, aber persönlich wertschätzenden Chef: Für Sie als neuen Mitarbeiter haben fehlende Fachkenntnisse Ihres Vorgesetzten Vor- und Nachteile.

Zunächst ist es natürlich ungewohnt, wenn Sie Ihren Chef in kniffeligen Angelegenheiten nicht um Rat fragen können. Da er mit Ihrem Tagesgeschäft nicht vertraut ist, wird er Sie auch nicht an kompetente Ansprechpartner innerhalb und außerhalb der Abteilung verweisen können.

Sie müssen also selbst Sorge dafür tragen, dass Sie die Informationen bekommen, die Sie für die Erfüllung Ihrer Aufgaben benötigen. Sprechen Sie deshalb erfahrene Kollegen an, und bitten Sie sie darum, Sie mit den üblichen Aufgaben und den dazugehörigen Arbeitsabläufen vertraut zu machen. Auf diese Weise bauen Sie sich Ihr Informationsnetzwerk selber auf.

Es wäre natürlich schöner, wenn Sie von Ihrem Vorgesetzten mit den Anforderungen der neuen Stelle vertraut gemacht würden. Ein fachlich hilfloser Chef kann aber nun einmal nicht das Gleiche leisten wie ein fachlich versierter.

Der Vorteil dieser Chef-Mitarbeiter-Konstellation liegt aber darin, dass Ihr Chef Sie mehr braucht, als Sie ihn benötigen. Denn wenn Sie mit den Aufgaben nach einiger Zeit gut zurechtkommen, kann Ihr Chef nicht mehr auf Sie verzichten. Dies wird seine sowieso schon positive Wertschätzung Ihnen gegenüber noch verstärken.

▶ **Das sollten Sie sich merken:** Bereits mittelfristig wird sich die erhöhte Anstrengung der ersten Tage und Wochen für Sie auszahlen. Ihr Chef kann Ihnen nicht wirklich in die Dinge hineinreden, er wird Ihnen also große Freiräume zugestehen.

Außerdem haben Sie einen echten Unterstützer an Ihrer Seite, der Sie bei gut begründeten Wünschen, beispielsweise nach einer besseren Büroausstattung, speziellen Weiterbildungen oder mehr Personal, prinzipiell eher unterstützen als abblocken wird.

Der fachlich versierte, aber persönlich abwertende Chef

Treffen Sie auf einen Chef, der zwar fachlich top, aber auf der zwischenmenschlichen Ebene nicht ganz einfach ist, wird es für Sie schwierig, vor allem dann, wenn Ihnen ein harmonisches Miteinander am Arbeitsplatz wichtig ist.

Merkmale des fachlich versierten, aber persönlich abwertenden Chefs: Kennzeichnend für Firmen und Organisationen, in denen Sie es mit fachlich versierten, aber persönlich abwertenden Vorgesetzten zu tun haben, ist ein generell schlechtes Abteilungsklima. Mangels positiver Impulse durch die Führungskraft ist der Teamgeist nur schwach ausgeprägt oder nicht vorhanden, alle wurschteln allein vor sich hin. Bei auftretenden Fehlern versucht dann jeder, die Verantwortung einem anderen in die Schuhe zu schieben. Und da Sie als Neuling in der Hierarchie ganz unten stehen, sind Sie schnell das bevorzugte Opfer dieser Schuldzuweisungen.

Zwischenmenschlich mit wenig Feingefühl ausgestattete Vorgesetzte können Ihnen als Neuem das Leben schwer machen. Denn was nützt es Ihnen, wenn Ihr Chef Sie an die neuen Aufgaben heranführt und Sie mit den Arbeitsabläufen vertraut macht, aber gleichzeitig unverblümt signalisiert, dass er Sie eigentlich für unfähig, überfordert und eine glatte Fehlbesetzung hält?

Gerade weil Sie in der fordernden Probezeit auch einmal selbst an Ihren Fähigkeiten zweifeln werden und sich womöglich überkritisch beurteilen, ist ein persönlich abwertender Chef sehr problematisch, denn statt eine Erfolgsspirale in Gang zu setzen, die Ihnen dabei hilft, Schritt für Schritt in den neuen Job hineinzuwachsen, sorgt der Vorgesetzte mit seinem Verhalten für noch mehr Frustration, Stress und Selbstzweifel bei Ihnen.

So wird er Ihnen in Konferenzen und Besprechungen ständig ins Wort fallen, Ihre Argumente grundsätzlich ablehnen und Sie womöglich sogar vor den neuen Kollegen abkanzeln.

Die fehlende Wertschätzung Ihnen gegenüber drückt sich auch deutlich in seiner Körpersprache aus. Ein gelangweilter oder skeptischer Gesichtsausdruck wird bei ihm genauso häufig zu sehen sein wie abwertende Handbewegungen oder vor der Brust verschränkte Arme. Und Blickkontakt hält er nur dann zu Ihnen, wenn er sich wieder einmal in Rage redet und Sie kritisiert.

Tipps für den Umgang mit dem fachlich versierten, aber persönlich abwertenden Chef: Es gibt Mitarbeiter, die mit Chefs dieser Kategorie zurechtkommen. Allerdings ist dann ein dickes Fell nötig, um die Stimmungen und Launen des Vorgesetzten auf Dauer zu ertragen.

Sensible Naturen, die nicht nur irgendeinen Job machen beziehungsweise abhaken wollen, sondern aus ihrer Arbeit auch ihr Selbstwertgefühl ziehen möchten, haben es dagegen schwer. Sie sollten zwar nicht vorschnell aufgeben, aber wenn Sie sich nach den ersten Monaten der Probezeit jeden Morgen nur noch widerwillig aus dem Bett kämpfen und mit schlechter Laune in die Firma fahren, ist es an der Zeit zu handeln. Auf dieses Problem gehen wir in dem Kapitel *Wenn die Zweifel überhand nehmen* näher ein. Nicht umsonst ist die Mitarbeiterfluktuation bei fachlich versierten, aber persönlich abwertenden Chefs sehr hoch.

▶ **Das sollten Sie sich merken:** Nicht immer verharren persönlich abwertende Chefs auf Dauer in ihrem distanziert-kritischen Verhalten. Manchmal handelt es sich auch um eine Vorsichtsmaßnahme, weil diese Chefs in der Vergangenheit schlechte Erfahrungen mit neuen Mitarbeitern gemacht haben, denen sie zu früh ihr Vertrauen geschenkt haben, und nun lieber erst einmal abwarten möchten, wie sich der neue Mitarbeiter entwickelt.

Dann gilt es, zu Beginn der Probezeit die Zähne zusammenzubeißen und sich in die Arbeit zu stürzen. Können Sie nach einiger Zeit mit guten Leistungen überzeugen und verfestigt sich bei Ihrem Chef der Eindruck, dass Sie loyal sind, kann sein Herz aus Stein Ihnen gegenüber auch wieder weich werden. Mancher auf den ersten Blick schwierige Chef weiß um seine Eigenheiten und ist deshalb umso erfreuter, wenn seine Mitarbeiter dennoch gut mit ihm zusammenarbeiten können. Man kann sicherlich nicht jeden schwierigen Vorgesetzten in den Griff bekommen, aber manchmal lohnt sich der Versuch!

Eine weitere Möglichkeit, sich durch persönlich abwertende Chefs nicht die Lust an der Arbeit nehmen zu lassen, ist eine verstärkte Hinwendung zu den Kollegen. Finden Sie nämlich unterstützende Kollegen, die Ihnen bei Problemen und Krisen zur Seite stehen, lässt sich das gemeinsame Schicksal besser ertragen. Nicht wenige Mitarbeiter kommen mit der inneren Einstellung »Eigentlich läuft alles prima, wenn nur der Alte nicht wär!« gut durchs Arbeitsleben. Manchmal muss man eben aus Mangel an Alternativen in den sauren Apfel beißen, immerhin kann man darauf hoffen, dass sich der Chef auf eine andere Stelle bewirbt oder dass er in den ersehnten Ruhestand geht und so die Abteilung verlässt.

Der fachlich hilflose und persönlich abwertende Chef

In manchen Firmen gibt es auch unfähige und überforderte Chefs. Die Möglichkeiten, mit diesen ungeliebten Vorgesetzten produktiv zusammenzuarbeiten, sind leider sehr beschränkt.

Merkmale des fachlich hilflosen und persönlich abwertenden Chefs: Woran Sie fachlich laienhafte und zwischenmenschlich schwierige

Chefs erkennen, haben wir Ihnen bereits erklärt. Sie wissen daher, dass Sie von diesem Chef fachlich nichts zu erwarten haben und sich die Aufgabenfelder und Arbeitsabläufe selbst erschließen müssen. Und Sie wissen auch, dass Sie auf keinerlei Wertschätzung durch Ihren Vorgesetzten hoffen dürfen. Im Gegenteil, er wird Sie vor der versammelten Mannschaft bloßstellen, Ihre Arbeitsergebnisse schlechtmachen und Kritik um der Kritik willen üben.

Tipps für den Umgang mit dem fachlich hilflosen und persönlich abwertenden Chef: Eigentlich gibt es nur einen Tipp für den Umgang mit diesem professionellen Demotivator, und der lautet: kündigen!

Sie sollten Ihrem Chef mehr als eine Chance geben, um seinen wahren Charakter zu zeigen. Es wäre sicherlich verfrüht, wegen einer handfesten Meinungsverschiedenheit gleich die Flinte ins Korn zu werfen, wenn Sie aber feststellen, dass Sie einfach nicht mir Ihrem Chef zusammenarbeiten können, weil er Ihnen weder fachlich noch menschlich zur Seite steht, sollten Sie Ihren Abschied vorbereiten.

Suchen Sie nach beruflichen Alternativen. Nehmen Sie die Bewerbungsaktivitäten wieder auf und führen Sie Ihre Vorstellungsgespräche aus der sicheren Position der festen Anstellung heraus.

Sie brauchen keine Angst haben, wenn man Sie im Vorstellungsgespräch danach fragt, warum Sie nach so kurzer Zeit schon die Stelle wechseln wollen. Hier hilft Ihnen ein wenig Taktik weiter: Statt auf dem momentanen Chef herumzuhacken, führen Sie einfach allgemeine Gründe an, die jeder Personalverantwortliche nachvollziehen kann. So könnten Sie argumentieren, dass Sie befürchten, in der Firma würden bald Stellen abgebaut werden, und Sie als Neuling rechneten deshalb damit, bald wieder gehen zu müssen. Wir wissen aus unserer Beratungspraxis, dass derart allgemein gehaltene Wechselgründe in der Regel glatt durchgehen.

▶ **Das sollten Sie sich merken:** Im beruflichen Umgang mit Ihrem Chef sollten Sie auf Alarmstufe Rot schalten. Sichern Sie sich fortlaufend bei Ihrer Arbeit in alle Richtungen ab, um sich bei ungerechtfertigten Angriffen verteidigen zu können.

Verfassen Sie nach Konferenzen kurze Protokolle und nach Besprechungen kleine Memos, damit Ihr Chef Ihnen nicht vorwerfen kann, dass Sie sich gegen ihn stellen. Oder schicken Sie ihm E-Mails per Intranet, in denen Sie kurz und sachlich zusammenfassen, wie Sie die Anweisungen Ihres Vorgesetzten verstanden haben. Mit dieser Vorgehensweise sind Sie auf der sicheren Seite und können sich bei dem Versuch, Sie mittels einer Abmahnung einzuschüchtern, erfolgreich wehren.

Bewährt hat es sich auch, Belege für gute Leistungen rechtzeitig zu sichern. Sie bekommen nach Ihrem Weggang schließlich noch ein Arbeitszeugnis, an dem leider auch der Vorgesetzte beteiligt sein wird. Sollte es hier zu einer Auseinandersetzung über die Inhalte kommen, sind schriftliche Belege dafür, dass Sie Gewinne gesteigert, Umsätze ausgeweitet, Serviceleistungen verbessert, Qualitätsmängel abgestellt oder Überstunden abgeleistet haben, sicherlich hilfreich. Dann wird es nämlich schwer für den verlassenen Tyrannen, Ihnen für Ihr weiteres berufliches Fortkommen Steine in den Weg zu legen.

Die von uns vorgestellten Chefkategorien sind im Arbeitsalltag natürlich nicht immer so eindeutig zu erkennen. Es gibt fließende Übergänge, und auch Chefs haben, genauso wie Sie, mal bessere und mal schlechtere Tage. Für Ihre Arbeit in der Probezeit ist es aber hilfreich zu wissen, was für einen Chef Sie vor sich haben und was Sie im Umgang mit ihm oder ihr zu beachten haben. Stellen Sie sich der Herausforderung, eine gute Beziehung zu Ihrem Chef aufzubauen, damit Sie in der Firma erfolgreich durchstarten können.

8

Kritik bringt Sie weiter

Die Vorstellung, dass in der Probezeit stets alles reibungslos und konfliktfrei verläuft, ist reizvoll, aber leider unrealistisch. Schließlich ist man auch im Berufsalltag auf die Zusammenarbeit mit anderen angewiesen. Und in der Probezeit werden Sie nun einmal gehäuft auf neue Menschen treffen. Daher sollten Sie sich darauf einstellen, dass es gerade zu Beginn zu Situationen kommen wird, in denen Klärungsbedarf besteht und es zu Auseinandersetzungen und kritischen Rückmeldungen kommt.

Da Sie in Ihre neuen Aufgaben erst hineinwachsen müssen, sollten Sie auch die Bereitschaft mitbringen, sich Kritik zu stellen. Letztendlich helfen Ihnen die Anregungen anderer dabei, die neue berufliche Herausforderung besser zu meistern.

Die meisten Menschen denken bei dem Wort »Kritik« leider immer zuerst an unsachliche Vorwürfe, persönliche Angriffe und grobe Beleidigungen. Auch das kann in der Probezeit natürlich vorkommen, aber Sie sollten sich von den negativen Seiten der Kritik nicht schrecken lassen. Sie kann zwar manchmal hart sein und zu einem ungelegenen Zeitpunkt kommen, für das erfolgreiche Bestehen Ihrer Probezeit ist sie aber wichtig, da Sie dadurch erfahren, wie Sie Ihre Aufgaben besser erledigen könnten. Entwickeln Sie ein Gespür für die Bandbreite, in der Kritik geäußert wird, und lernen Sie, sowohl die feinen Zwischentöne wahrzunehmen als auch mit direkter Konfrontation gekonnt umzugehen.

Ein Gespür für Zwischentöne

Auf Kritik angemessen zu reagieren ist besonders schwer, wenn das Kind bereits in den Brunnen gefallen ist. Leider kommt es immer wieder vor, dass Kritik erst dann geübt wird, wenn sich bereits sehr viel Ärger und Unwillen bei Vorgesetzten oder Kollegen angestaut hat. Häufig wird aus Angst vor der unangenehmen Aufgabe die notwendige und hilfreiche Kritik aufgeschoben, dann lässt man es eine Weile unter der Oberfläche brodeln, die Anspannung sammelt sich an, und schließlich kommt es zum großen Ausbruch, der alles in Schutt und Asche legt.

Damit es gar nicht erst so weit kommt, sollten Sie Ihr Gespür für kritische Zwischentöne schärfen. Denn meistens kann man, lange bevor es zu einem Vulkanausbruch der Gefühle kommt, erste Anzeichen von Unzufriedenheit wahrnehmen. Je besser Sie diese ersten Warnzeichen einordnen können, desto größer ist Ihre Chance, Eskalationen vorzubeugen.

Machen Sie sich deshalb bei Einwänden von Kollegen immer auch bewusst, dass sie wahrscheinlich nichts gegen Sie als Person haben, sondern Sie vor Schaden bewahren wollen. Als Neuer kennen Sie einfach noch nicht alle Zuständigkeiten und Abläufe im Unternehmen. Die Fettnäpfchen, in die Sie hineintappen können, sind vielfältig. Und Sie sollten es – auch mithilfe Ihrer Kollegen – vermeiden, ausschließlich aus Schaden klug zu werden.

▶ **Das sollten Sie sich merken:** Lernen Sie zu erkennen, was an sachlichen Einwänden hinter der Kritik von Kollegen steht.

Vergegenwärtigen Sie sich, dass in vielen Unternehmen Kritik erst zu einem sehr späten Zeitpunkt geübt wird. Das heißt, dass es oft so sein wird, dass man Sie einfach machen lässt, bis aus heiterem Himmel die Blitze zucken und man Ihnen Ihre Fehler gleich im

Dutzend vorhält. Sie haben es dann viel schwerer, die berechtigten von den unberechtigten Vorwürfen zu trennen, und der Rundumschlag in Ihre Magengrube muss auch erst einmal verdaut werden.

Grundsätzlich ist es leider so, dass sich die eher wohlmeinenden, aber auch die neutralen Kollegen in der Anfangszeit nur spärlich äußern werden. Wenn sie es denn einmal tun, sollten Sie daher um so aufmerksamer hinhören.

Wie Warnungen durch die Blume ausgesprochen werden und was sich dahinter an sachlichen Einwänden verbergen kann, haben wir beispielhaft in der Übersicht *Indirekte Warnungen* für Sie zusammengestellt.

Indirekte Warnungen

Kollegen sagen:	**Kollegen meinen:**
»Bei uns hat sich bisher bewährt, dass wir Angebote erst nach dem Kundenbesuch schreiben.«	»Achtung: Sie verlieren die Kundenbedürfnisse aus dem Blick! Wir verkaufen nicht mit Drückermentalität.«
»Wir haben das schon immer so gemacht, dass wir zuerst die Stellungnahme des Außendienstes einholen.«	»Natürlich setzen wir uns schon einmal über den Außendienst hinweg, aber es gehört bei uns zum guten Ton, dass er gefragt wird.«
»Es ist bei uns in der Abteilung üblich, die Ergebnisse miteinander abzustimmen.«	»Sie sind zu schnell/zu langsam. Passen Sie sich mit Ihrem Arbeitstempo den Kollegen an!«

»Vielleicht sollten Sie Ihren Vorschlag lieber zuerst mit dem Chef besprechen.«	»Vorsicht, Sie überschreiten Ihre Kompetenzen, und ich habe meine Zweifel, ob der Chef das akzeptieren wird.«
»Den Kundenservice haben wir noch nie an unseren Abteilungsmeetings beteiligt.«	»Ihr Vorschlag klingt wie eine Revolution, die die Kollegen auf keinen Fall mittragen werden.«
»Ich bin mir nicht sicher, dass wir mit Ihrer Methode wirklich zum Ziel kommen.«	»Sie haben sich verrannt.«
»Warum beharren Sie eigentlich so sehr auf dem Einkauf dieser Beratungsleistung?«	»Kriegen Sie das Problem nicht selbst in den Griff?«

Unsere Beispiele zeigen Ihnen, dass es sich lohnen kann, kritische Äußerungen von Kollegen an sich heranzulassen. Vermeiden Sie die typische Abwehrhaltung von Neulingen. Es ist Ihnen weder damit gedient, bei etwas Gegenwind gleich den Kopf in den Sand zu stecken, noch haben Sie etwas davon, wenn Sie jeden Einwand stur von sich weisen und Ihren Willen ohne Rücksicht auf Verluste durchsetzen.

Besser ist es, die Bedenken Ihrer Kollegen ernst zu nehmen. Überlegen Sie sich, warum bestimmte Einwände vorgebracht wurden und ob es Ihnen nicht tatsächlich helfen könnte, Ihre geplante Vorgehensweise noch einmal kritisch zu hinterfragen.

Sie sollen nicht bei jedem Einwand sofort einknicken, aber denken Sie darüber nach, ob Sie es sich nicht einfacher machen, wenn Sie für Ihr Vorhaben zusätzliche Argumente sammeln, mehr Beteiligte einbinden, die Zuständigkeiten besser klären oder noch mehr Informationen einholen. So können Sie kritische Äußerungen konstruktiv nutzen. Versuchen Sie immer, den sachlichen Kern der vorgebrachten Kritik herauszuarbeiten, um sich nicht unnötig in unproduktive Grabenkämpfe zu verstricken.

Konfrontationen meistern

Nicht immer wird Kritik in Zwischentönen vorgetragen. So mancher Chef und Kollege wartet viel zu lange, bis ihm dann schließlich der Kragen platzt. Dann passiert das, was wir bereits oben beschrieben haben: Es kommt zu einem Gefühlsausbruch. Persönliche Animositäten brechen sich Bahn, und wenn Sie nicht aufpassen, verfestigen sich diese aufkeimenden Feindseligkeiten.

Deswegen müssen Sie auch lernen, mit ungerechtfertigter oder überzogener Kritik zurechtzukommen. Glücklicherweise gibt es auch hierfür bewährte Kommunikationstechniken, die Ihnen helfen werden.

Ganz wichtig ist, dass Sie auf die pauschalen Vorwürfe und persönlichen Angriffe nicht eingehen beziehungsweise es dem anderen nicht mit gleicher Münze heimzahlen. Wenn Sie ebenfalls Öl ins Feuer gießen, wird der Konflikt nur noch verstärkt. Sie lassen sich dann auf ein Machtspiel ein, bei dem Sie als Neuling in der Probezeit wahrscheinlich den Kürzeren ziehen werden.

Auch bei unsachlicher Kritik müssen Sie versuchen, das Gespräch auf eine sachliche Ebene zu lenken. Sie sollten sich bemühen, den aufbrausenden Kollegen aus seiner Trotzecke zu locken. Lassen Sie nicht zu, dass er sich hinter der Generalisierung »Alles, was Sie machen, ist schlecht!« verschanzt. Meist ist es nämlich so, dass auch denjenigen, die in stressigen Situationen zu pauschalen Angriffen neigen, nur eine Laus über die Leber gelaufen ist.

Entschärfen Sie die Situation, indem Sie zuerst die Bereitschaft erkennen lassen, sich der Kritik zu stellen. Fordern Sie dann einen konkreten Hinweis darauf, was der Kollege sich eigentlich von Ihnen wünscht. So bringen Sie den aufgewühlten Angreifer dazu, wieder eine konstruktivere Gesprächsebene zu betreten.

Wie dies praktisch aussehen kann, haben wir in der Übersicht *Wenn sich Ärger Luft macht* zusammengefasst.

Wenn sich Ärger Luft macht

Emotionaler Angriff:	**Sachliche Reaktionsmöglichkeit:**
»So geht das nicht, Sie bringen alles durcheinander.«	»Es tut mir Leid, wenn ich Verwirrung gestiftet haben sollte. Wie würde es Ihrer Vorstellung nach denn besser laufen?«
»Ich schaue mir das nicht mehr länger mit an. Hören Sie bloß auf damit, hier alles auf den Kopf zu stellen.«	»Schade, dass Sie mich nicht schon vorher angesprochen haben, dann hätten wir uns besser abstimmen können. Wie können wir das Problem denn nun lösen?«
»Ich habe doch gleich gewusst, dass Sie eine Fehlbesetzung sind.«	»Na, das ist aber ein großer Vorwurf. Sie wissen doch selbst, dass ich die Auftragsabwicklung und Reklamationsbearbeitung gut im Griff habe. Worum geht es Ihnen denn genau?«

»Das kommt dabei raus, wenn man einen Theoretiker frisch von der Uni einstellt.«	»Ja, praktisch haben Sie mir sicherlich einiges voraus. Erklären Sie mir doch bitte, wie ich vorgehen sollte.«
»Ich habe Ihnen doch schon tausend Mal gesagt, dass das so nicht geht.«	»Tut mir Leid, im Moment prasseln wirklich sehr viele neue Informationen auf mich ein. Was sollte ich denn anders machen?«

Leider kommt es immer wieder vor, dass derjenige, der noch nicht so gut ins Team integriert ist, als Blitzableiter herhalten muss. Sie sollten sich aber dennoch der Herausforderung stellen, für gute Beziehungen zu den Kollegen aktiv zu sorgen.

▶ **Das sollten Sie sich merken:** Wenn Sie es schaffen, belastende Situationen aufzulösen, wird sich dies mittelfristig auszahlen. Sie erwerben sich Respekt, weil Sie auch bei etwas Gegenwind nicht gleich aufgeben und sich Problemen stellen.

Oft schweißt gerade eine gemeinsam bewältigte schwierige Zeit den Neuen mit der Stammmannschaft zusammen. Dass Sie die Bereitschaft erkennen lassen, sich Kritik zu stellen, und für sich möglichst produktive Schlüsse daraus ziehen, ist heutzutage immer gefragt und nicht umsonst erheben viele Firmen in den Stellenausschreibung deutlich die Forderung nach einer ausgeprägten Kritikfähigkeit. Chefs werden es wohlwollend registrieren, wenn Sie sich mit den Kollegen zusammenraufen können. Und Ihnen selbst wird es Sicherheit vermitteln, wenn Sie merken, dass Sie sogar mit drastischer Kritik gut umgehen können.

9

Wenn die Zweifel überhand nehmen

Fast jeder kommt in der Probezeit einmal an den Punkt, wo er denkt, dass er am liebsten alles hinschmeißen würde. Das ist sicherlich normal und gehört dazu, wenn man sich innerhalb kürzester Zeit auf neue berufliche Aufgaben, neue Kollegen und einen neuen Chef einstellen muss.

Anlass für Krisenstimmung können beispielsweise kritische Auseinandersetzungen sein, so wie wir es Ihnen im letzten Kapitel geschildert haben. Aber auch Stress, Überforderung oder ausbleibende Erfolgserlebnisse können ein Grund dafür sein, dass man einfach nicht mehr weiterweiß und deshalb lieber sein Heil in der Flucht suchen möchte.

▶ **Vorsicht Falle!** Sicherlich wird man nicht wegen eines einmaligen Vorfalls leichtfertig die neue Stelle aufgeben. Problematisch wird es aber, wenn sich die Krisenstimmung verfestigt: Dann sollten Sie prüfen, ob es Sinn macht, die Probezeit trotzdem fortzuführen.

Denn wenn man sich jeden Morgen mühsam ins Büro schleppt, nur um die Minuten bis zum Feierabend zu zählen, tut man sich keinen Gefallen. Dann können die Warnsignale nicht mehr länger ignoriert werden: Die Situation muss gründlich analysiert und anschließend geklärt werden.

Der emotionale Faktor

Die mit einer Trennung einhergehenden Gefühle sind immer belastend, weil man nicht weiß, ob die Trennung wirklich das Richtige ist oder ob man sich nicht womöglich vom Regen in die Traufe begibt. Zudem spielt auch die Meinung des persönlichen Umfeldes immer eine wichtige Rolle. Kann man den Menschen, die einem nahe stehen, verständlich machen, dass die Situation am Arbeitsplatz untragbar geworden ist und eine vorzeitige Beendigung rechtfertigt?

Zusätzlich spielt auch das Selbstbild eine große Rolle. Man muss vor sich selbst vertreten, dass man in der Probezeit aufgeben will. Da sich aber niemand gerne als Verlierer sieht, ist es oft sehr schwer, sich zu diesem Entschluss durchzuringen. Und warum sollte man es auch den anderen – die die Krise womöglich verschuldet haben – mit dem eigenen Rückzug so einfach machen? Je nach Naturell steht der eigene Stolz, die eigene Verletzlichkeit oder das eigene Beharrungsvermögen im Vordergrund.

Es ist gar nicht einfach, dieses emotionale Knäuel aufzulösen. Wer aber auf Hilfe von außen wartet, wartet vergeblich, denn die Zauberfee, die kommt und mit einem Wink des Zauberstabes alles zum Guten wendet, gibt es leider nur im Märchen. Entweder Sie kümmern sich selbst um das Problem, oder Sie verkümmern womöglich in der neuen Stelle.

Wenn Sie beim Gedanken an den Rest der Probezeit regelmäßig in schlechte Stimmung geraten, ein Unwohlsein verspüren oder großen Stress empfinden, müssen Sie sich aktiv der Situation stellen.

Von sich aus die Probezeit zu beenden ist sicherlich eine sehr schwerwiegende Entscheidung. Aber angesichts der Tatsache, dass ungefähr ein Viertel der Arbeitsverhältnisse bereits vor dem Ende der Probezeit wieder aufgehoben werden, ist es kein Zeichen für persönliches Versagen, wenn Sie sich zu diesem schwierigen Entschluss durchringen müssen.

Es ist immer günstiger, wenn Sie bei nicht auflösbaren Schwierigkeiten einen möglichen Abbruch der Probezeit gedanklich vorwegnehmen. Dann behalten Sie nämlich die Fäden in der Hand und können im besten Fall die verbleibende Zeit sogar noch für neue Bewerbungsaktivitäten nutzen. Je früher Sie ein nicht mehr tragbares Arbeitsverhältnis als solches erkennen und beenden, desto günstiger ist Ihre Ausgangslage für weitere Bewerbungen.

Im Einzelfall ist es immer schwierig, die Abwägung zwischen einem disziplinierten Durchhalten und einem plötzlichen Ende zu treffen. Das hängt zum einen von den auftretenden Problemen ab und zum anderen davon, was Sie sich selbst zumuten wollen und können.

Dramatische Alarmzeichen dürfen Sie auf keinen Fall ignorieren. Spätestens, wenn Sie körperliche Beeinträchtigungen hinnehmen müssen, nur um die Arbeit weiterführen zu können, sind Sie zum Handeln gezwungen. Dann ist es in der Tat besser, einen Schlussstrich zu ziehen, als weiter durchzuhalten.

Um nicht vorschnell die Flinte ins Korn zu werfen, sollten Sie versuchen, etwas Abstand zu den Schwierigkeiten und Krisen zu gewinnen und deren Relevanz aus der Distanz zu beurteilen. Stehen Sie zu Ihren Gefühlen: Akzeptieren Sie zunächst, dass die Probezeit emotional sehr belastend sein kann.

▶ **Das sollten Sie sich merken:** Wichtig ist zunächst, nicht impulsiv alles hinzuschmeißen, sondern die Situation so nüchtern wie möglich zu analysieren.

Aber nicht jedes auftretende Problem wird so gravierend sein, dass Sie sich mit dem Gedanken an einen Abbruch der Probezeit auseinander setzen müssen. Mit der einen oder anderen schwierigen Phase werden Sie in der Probezeit mit Sicherheit zu kämpfen haben. Üblicherweise gelingt es aber, für die gegebenen Probleme angemessene Lösungen zu finden.

Eine gründliche Situationsanalyse

Um nicht vorschnell aus dem Bauch heraus die falsche Entscheidung zu treffen, sollten Sie die Probleme und Schwierigkeiten, die Sie belasten, in einem ersten Schritt präzise benennen. Denn ein allgemeines Unwohlsein beim Gedanken an den Job reicht nicht aus, um vorschnell aufzugeben.

Besser ist es, einmal genau hinzuschauen, was oder wer Sie stört. Einige Probleme sind einfach nicht zu lösen, für andere, auf den ersten Blick ebenfalls unlösbare Probleme findet man manchmal aber doch einen befriedigenden Ausweg.

So kann es beispielsweise sein, dass Sie sich ständig überfordert fühlen und wie ein Hamster im Laufrad durch den Arbeitstag hetzen. In einem solchen Fall kann es sinnvoll sein, zu klären, ob Sie vielleicht Ihr Zeitmanagement verbessern müssen, früher Unterstützung von fachlich versierten Kollegen einfordern sollten oder lernen müssen, zu bestimmten Aufgaben auch einmal freundlich, aber bestimmt »Nein« zu sagen.

In anderen Fällen ist eine Lösung auch beim besten Willen nicht möglich. Es gibt nun einmal Abteilungen, die untereinander völlig zerstritten sind. Wenn Mobbing, Intrigen und persönliche Diffamierungen an der Tagesordnung sind, werden Sie dies als Einzelperson, und zugleich noch Neuling, nicht ändern können – dann ist eine Kündigung einfach unausweichlich.

Gleiches gilt für Firmen, in denen sich Führungskräfte wie kleine Diktatoren aufführen. Mit bestimmten Eigenheiten Ihrer Vorgesetzten werden Sie sicherlich klarkommen müssen, aber wenn Chefs ihre Mitarbeiter bei jeder Gelegenheit bloßstellen, diffamieren und herabwürdigen, ist dies auf Dauer nicht tragbar. Hier ist nur eine Abstimmung mit den Füßen sinnvoll. Verlassen Sie besser die Firma, sobald Sie die Gelegenheit haben.

Wenn Sie während Ihrer Probezeit häufiger mit dem Gedanken an einen Wechsel liebäugeln, sollten Sie die Checkliste *Klärungshilfen* in Ruhe durchgehen. Verschaffen Sie sich Gewissheit darüber, wo Sie der Schuh drückt und ob die Situation wirklich untragbar ist.

☑ Klärungshilfen

- ☐ Fällt es Ihnen immer schwerer, morgens zur Arbeit zu gehen?
- ☐ Gibt es jeden Tag mindestens einmal Streit?
- ☐ Ist die Fluktuation in der Firma allgemein sehr hoch?
- ☐ Gibt es Kollegen, denen Sie bewusst aus dem Weg gehen?
- ☐ Gelingt es Ihnen nicht, mit Ihrem Chef eine gemeinsame Ebene zu finden?
- ☐ Ist Ihr Chef unberechenbar?
- ☐ Können Sie Ihrem Chef auch nach drei Monaten noch nichts recht machen?
- ☐ Haben Sie das Gefühl, dass es Kollegen gibt, die nur darauf warten, dass Sie Fehler machen?
- ☐ Ist Ihre Abteilung dafür bekannt, dass die Kollegen miteinander zerstritten sind?
- ☐ Fühlen Sie sich von Ihren Aufgaben auch nach drei Monaten immer noch überfordert?
- ☐ Fehlen Ihnen Erfolgserlebnisse?

- ☐ Hat man Ihnen im Bewerbungsverfahren ein ganz anderes Bild von Ihren Aufgaben gezeichnet?
- ☐ Wälzen die Kollegen ständig schwierige Aufgaben auf Sie ab?
- ☐ Macht man Sie für alles, was schief läuft, verantwortlich?
- ☐ Werden Sie zwischen konkurrierenden Gruppen in der Abteilung zerrieben?
- ☐ Brechen die Aufträge wichtiger Großkunden weg?
- ☐ Steht das Unternehmen wirtschaftlich auf der Kippe?
- ☐ Vermeldet der Flurfunk etwas von betriebsbedingten Kündigungen (last in, first out)?
- ☐ Macht sich die schlechte Stimmung in der Abteilung bei Ihnen bereits körperlich bemerkbar?
- ☐ Trinken Sie mehr Alkohol als sonst, um abschalten zu können?
- ☐ Benötigen Sie Schlaftabletten, um überhaupt noch zur Ruhe zu kommen?
- ☐ Hat man Ihnen nahe gelegt, von sich aus zu kündigen?

Wenn Sie sich mithilfe der Fragen Gewissheit darüber verschafft haben, dass der neue Job langsam, aber sicher wirklich an Ihre Substanz geht, müssen Sie aktiv werden. Bringen Sie in Erfahrung, welche Handlungen Sie weiterbringen.

Lösungswege

Oftmals gibt es mehrere Optionen für Sie, um ein Krisenszenario aufzulösen. So kann es bei Ärger mit den Kollegen hilfreich sein, den Vorgesetzten einzuschalten und eine Klärung herbeizuführen. Oder es ergeben sich nach der Probezeit Möglichkeiten für Sie, in einen anderen Tätigkeitsbereich zu wechseln. Und selbst wenn Sie einen Jobwechsel ins Auge gefasst haben, können Sie gute Miene zum bösen Spiel machen und still und leise Ihre Bewerbungsaktivitäten entfalten.

Damit Sie die für Sie am besten geeigneten Lösungswege finden, sollten Sie sich die Fragen stellen, die wir in der Checkliste *Eine schwierige Entscheidung* aufgelistet haben. Sprechen Sie Ihre bevorzugten Lösungen aber auch mit Freunden, Bekannten oder Ihrem Lebenspartner durch. Denn oft kommt es vor, dass andere noch weitere Tipps auf Lager haben, die Ihnen helfen könnten.

☑ Eine schwierige Entscheidung

- ☐ Können Sie noch so lange durchhalten, bis Sie einen neuen Job gefunden haben?
- ☐ Wie ist die Situation auf dem Arbeitsmarkt für Bewerber mit Ihrem Profil?
- ☐ Gibt es in der Firma Kollegen, die Ihnen dabei helfen können, die Schwierigkeiten in den Griff zu bekommen?
- ☐ Können Sie durch die Übernahme von Sonderaufgaben einen Schritt aus der Abteilung heraus machen?
- ☐ Gibt es die Möglichkeit, sich mittelfristig firmenintern wegzubewerben?
- ☐ Wenn Ihr Chef das Problem ist: Geht er in absehbarer Zeit?
- ☐ Werden Sie in nächster Zeit einen anderen Arbeitsbereich übernehmen?

- ☐ Könnte Ihr Chef Streitigkeiten mit Kollegen schlichten?
- ☐ Ist Hilfe vom Betriebsrat zu erwarten?
- ☐ Wäre ein Gespräch mit der Personalabteilung hilfreich?
- ☐ Waren Sie mindestens zwei Jahre an Ihrem vorherigen Arbeitsplatz?
- ☐ Kann Sie Ihr privates Umfeld noch einige Zeit auffangen?
- ☐ Sind Sie überzeugt davon, dass es Firmen gibt, in denen es besser läuft?
- ☐ Haben Sie sich ehrlich gefragt, ob Ihre Kollegen oder Sie selbst die bestehenden Konflikte zu einem Großteil verschuldet haben?
- ☐ Haben Sie genügend finanzielle Rücklagen, um eine längere Bewerbungsphase zu überbrücken?

Wenn Sie für Ihre Situation am Arbeitsplatz eine Lösung gefunden haben, sollten Sie diese auch konsequent verfolgen. Damit nehmen Sie das Gesetz des Handelns in die Hand, und allein das wirkt oft schon befreiend. Kommen Sie trotz aller Bemühungen und Anstrengungen nicht weiter, sollten Sie einen Wechsel ins Auge fassen. Zumindest Sie brauchen sich dann nicht vorzuwerfen, dass Sie nicht alles versucht haben.

10

Am Ende der Probezeit

Wenn das Ende der Probezeit näher kommt, haben Sie eine wichtige und anstrengende Phase in der neuen Firma bewältigt. Sie kennen Ihre Aufgaben im Tagesgeschäft nun viel besser, Sie wissen, wie Sie mit den Kollegen zurechtkommen, und Sie haben gelernt, sich auf die Vorlieben und Eigenarten Ihres Chefs einzustellen.

Es gibt Firmen, die den Übergang vom Ende der Probezeit in das sich nun unmittelbar anschließende feste Anstellungsverhältnis fließend gestalten. Das heißt, dass in diesen Firmen keine besonderen Gespräche mit den – noch vor gar nicht so langer Zeit neuen – Mitarbeitern geführt werden.

Es gibt aber auch viele Firmen, in denen das Ende der Probezeit ein wichtiger Zeitpunkt ist, um ein Gespräch grundsätzlicher Art zu führen. In diesem Mitarbeitergespräch werden üblicherweise die Erwartungen und Wünsche der Firmenseite mit Ihren bisherigen Leistungen abgeglichen. Und es wird auch ein Blick in Ihre weitere berufliche Zukunft gerichtet. Dabei kann es um zusätzliche Aufgaben, Sonderprojekte, berufliche Weiterbildungen oder auch um zusätzliche Gehaltskomponenten gehen.

▶ **Vorsicht Falle!** In das spezielle Mitarbeitergespräch am Ende der Probezeit sollten Sie auf keinen Fall unvorbereitet gehen. Ziehen Sie rechtzeitig eine persönliche Zwischenbilanz, damit Sie im eigentlichen Gespräch mit Ihrem Chef Ihre besten Argumente bringen können.

Ihr Blick zurück

Ihre Zwischenbilanz am Ende der Probezeit sollten Sie unter zwei Gesichtspunkten ziehen. Zum einen sollten Sie festhalten, dass Sie aus den Fehlern der ersten Tage und Wochen gelernt haben und nun viele Dinge besser im Griff haben als zu Anfang. Und zum anderen sollten Sie Argumente dafür sammeln, dass Sie auch schon in der Probezeit gute Arbeit geleistet haben.

Diese Zweiteilung in die Bewältigung der ersten Anlaufschwierigkeiten und in erste berufliche Erfolge hat ihren Grund in dem typischen Verlauf von Mitarbeitergesprächen. Denn üblicherweise werden Sie einerseits aufgefordert zu schildern, was zu Anfang nicht so gut geklappt hat, und andererseits zu beschreiben, was Sie nun, nach der Einarbeitung, an besonderen Leistungen vorweisen können.

Auf diese Gesprächsvorgaben gilt es, sich taktisch vorzubereiten, um im eigentlichen Gespräch überzeugen zu können. Denn bei der Darstellung der Einarbeitungsprobleme und der Schilderung Ihrer ersten Erfolge haben Sie einen Gestaltungsspielraum, den Sie auf jeden Fall nutzen sollten. Zunächst werden wir Sie nun darauf vorbereiten, wie Sie Fragen nach Ihren Problemen in der Anfangszeit geschickt beantworten können.

Es darf Ihnen auf keinen Fall passieren, dass Sie auf die Frage Ihres Vorgesetzten »Was hat denn am Anfang nicht so gut geklappt?« mit einer endlosen Litanei reagieren, in der eine Katastrophe an die nächste gereiht wird. Ganz fatal wäre es, wenn in dieser unendlichen Geschichte der Missgeschicke, Pleiten und Pannen auch gleich noch Schuldzuweisungen in alle möglichen Richtungen verteilt werden. Eine derart ungeschickte Beschreibung der mit einer Einarbeitung eigentlich immer verbundenen Anlaufschwierigkeiten würde sofort negativ auf Sie zurückfallen. Wer nicht in der Lage ist, sein eigenes Handeln auch einmal selbstkritisch zu beleuchten, ist geistig längst zum Stillstand gekommen. Und diejenigen, die bei auftretenden Fehlern stets zuerst die Schuld bei anderen suchen, sind als Nörgler und Querulanten gefürchtet.

Besser ist es, die ersten Anlaufschwierigkeiten als persönliche Herausforderungen zu schildern, von denen Sie profitiert haben. Fehler gehören zum Arbeitsleben dazu. Und eigentlich jeder hat Verständnis dafür, wenn Sie Fehler eingestehen und gleichzeitig erklären können, was Sie aus dem Fehler gelernt haben.

Damit Ihnen der Blick zurück auf die Anlaufschwierigkeiten leichter fällt, haben wir eine Liste mit Fragen zusammengestellt, die Ihnen die Selbstreflexion leichter machen. Da Sie im Moment nicht im Gespräch mit Ihrem Chef sind, können Sie alle Fragen der Übersicht *Was läuft besser als am Anfang?* ehrlich beantworten. Wichtig ist, erst einmal systematisch zu hinterfragen, was am Anfang nicht gleich auf Anhieb geklappt hat und was jetzt besser funktioniert.

Was läuft besser als am Anfang?

- Wo gab es in den ersten vier Wochen Schwierigkeiten?
- Was hat in den ersten drei Monaten nicht so gut funktioniert?
- In welchen Routineaufgaben sind Sie mittlerweile schneller geworden?
- Mit welchen Computerprogrammen kommen Sie jetzt besser zurecht?
- Fühlen Sie sich mittlerweile besser ins Team eingebunden?
- Wer hat Ihnen konstruktive Kritik gegeben?
- Wie haben Sie Konflikte mit Kollegen gelöst?

- Wem gegenüber halten Sie lieber etwas mehr Distanz?
- Gibt es Kollegen, die Ihnen positives Feedback geben?
- Mit welchen Kollegen kamen Sie am Anfang nicht so gut zurecht?
- Bei welchen Arbeitsabläufen gab es zu Beginn Schwierigkeiten wegen unklarer Verantwortlichkeiten?
- Welche Fragen blieben, mangels Ansprechpartner, zunächst unbeantwortet?
- Welches von Ihrem Chef kritisierte Verhalten haben Sie abgestellt?
- Welche Aufgaben, auf die Ihr Chef besonders viel Wert legt, erledigen Sie nun sicherer?

Wenn Ihnen jetzt sehr viele Dinge eingefallen sind, die zu Beginn des neuen Jobs noch nicht so gut geklappt haben, ist das von uns durchaus beabsichtigt. Wir möchten nämlich, dass Sie zunächst nur für sich allein den »großen Fundus der Startschwierigkeiten« zusammentragen. In einem zweiten Schritt können Sie dann die Beispiele auswählen, die für das Gespräch gut geeignet sind, weil sie relativ ungefährlich für Sie sind. Mit anderen Worten: Für das eigentliche Mitarbeitergespräch sollten Sie sich bei der Frage nach den Anlaufschwierigkeiten auf die kurze Darstellung von zwei oder drei kleineren Problemen beschränken, die üblicherweise nicht nur Ihnen, sondern auch jedem anderen neuen Mitarbeiter hätten passieren können.

Haben Sie beispielsweise am Anfang etwas länger für die Ausarbeitung von Angeboten am PC gebraucht, weil Sie mit der Firmensoftware noch nicht so vertraut waren wie jetzt, wäre diese – mittlerweile erfolgreich bewältigte – Anlaufschwierigkeit für ein Mitarbeitergespräch sicherlich taktisch gut gewählt.

Genauso gut würde es sich machen, wenn Sie auf die Frage nach den Einarbeitungsschwierigkeiten erklären, dass Sie zu Anfang manchmal nicht wussten, wo Sie eine hilfreiche Information einholen sollten, aber mittlerweile sicher wissen, an wen Sie sich bei kniffeligen Aufgabenstellungen wenden können.

Ebenso gut wäre es, wenn Sie im Mitarbeitergespräch erläuterten, dass Sie zu Anfang Probleme damit hatten, nur sehr wenig Feedback von den Kollegen zu erhalten, aber ganz begeistert waren, als Sie nach einigen Wochen durchaus die eine oder andere positive Rückmeldung zu Ihren Arbeitsleistungen bekommen haben.

Sie werden sicherlich bemerkt haben, dass wir eine ganz besondere Gesprächstechnik bei der Beantwortung von Fragen nach Einarbeitungsproblemen und Startschwierigkeiten bevorzugen. Die von uns eingesetzte Gesprächstechnik verläuft nach dem Muster, dass Sie zunächst ein kleineres Problem schildern und unmittelbar darauf demonstrieren, dass Sie eine Lösung gefunden haben und wie sie aussieht.

▶ **Das sollten Sie sich merken:** Vorgesetzte reagieren hocherfreut, wenn Mitarbeiter schlüssig vortragen können, wie sie Probleme selbst erkannt und dann auch noch gelöst haben. Das gilt auch für Probleme während der Einarbeitungszeit.

Jetzt sind Sie an der Reihe. Überlegen Sie sich mithilfe unseres Fragenkataloges, welche Schwierigkeiten Sie in Ihrer Startphase in den neuen Job hatten. Denken Sie daran: Wählen Sie drei Probleme aus, die auch jeder andere hätte haben können. Und liefern Sie gleich die Lösung für Ihre Startschwierigkeiten mit. Zur besseren Übersicht sollten Sie sie sich notieren.

Die Schwierigkeiten der Vergangenheit

- Ihr erstes Problem in der Probezeit:

  . . . .

- Ihre Lösung für dieses Problem:

  . . . .

- Ihr zweites Problem in der Probezeit:

  . . . .

- Ihre Lösung für dieses Problem:

  . . . .

- Ihr drittes Problem in der Probezeit:

  . . . .

- Ihre Lösung für dieses Problem:

  . . . .

Mitarbeitergespräche, in denen sich alles nur um Probleme und Schwierigkeiten dreht, bleiben bei Vorgesetzten in schlechter Erinnerung. Glücklicherweise wissen Sie ja nun, auf was Sie bei der Auswahl Ihrer zu nennenden Anfangsschwierigkeiten achten sollen, und auch, dass Sie kurz darlegen sollten, wie Sie die Anlaufschwierigkeiten in den Griff bekommen haben. Sie können aber noch mehr tun, um sich als mitdenkender, zupackender und erfolgsorientierter Mitarbeiter darzustellen.

Reflektieren Sie zur Vorbereitung des Mitarbeitergespräches nicht nur Kritisches, sondern bringen Sie auch Ihre Erfolge ins Gespräch ein. Denn Sie werden den rückwärtsgewandten Meinungsaustausch über die Probezeit mit Ihrem Chef dann am besten meistern, wenn Sie schlüssige Belege für erfolgreiches Arbeiten vorlegen können.

Natürlich erwartet niemand ernsthaft von Ihnen, dass Sie schon in den ersten zwei Wochen der Probezeit die Kundenanzahl verdoppeln, die Qualität der Produkte verdreifachen und den Absatz vervierfachen. Nachdem Sie Ihren Arbeitsplatz aber einige Wochen kennen gelernt haben, werden Ihnen einige Dinge sicherlich gut gelungen sein, und vielleicht haben Sie auch - mit Bedacht - die ersten Impulse für Veränderungen und Verbesserungen in Ihrem beruflichen Umfeld gegeben.

Damit Sie Ihr Engagement und Ihre Erfolge im Mitarbeitergespräch gelassen und selbstbewusst belegen können, sollten Sie nun eine persönliche Erfolgsbilanz Ihrer Probezeit erstellen. Die folgenden Fragen helfen Ihnen dabei.

Belege für erfolgreiche Arbeit

- Für welche Aufgaben sind Sie im Tagesgeschäft zuständig?
- In welche neuen Themen haben Sie sich in der Probezeit eingearbeitet?
- Was haben Sie getan, um sich mit den Produkten beziehungsweise Dienstleistungen der Firma vertraut zu machen?
- Mit welcher Software haben Sie sich speziell am neuen Arbeitsplatz auseinander gesetzt?
- Welche (Verbesserungs-)Vorschläge haben Sie in Konferenzen und Meetings gemacht?
- Von welchen neuen Lösungen konnten Sie Ihren Chef überzeugen?
- Für welche Leistungen haben Sie von Ihrem Chef positive Rückmeldungen bekommen?
- Fragt Ihr Chef Sie nach Ihrer Meinung zu bestimmten Problemen?

- Möchte Ihr Chef, dass bestimmte Aufgaben ausschließlich von Ihnen übernommen werden?
- Haben Sie Kollegen wegen Urlaub, Krankheit oder sonstiger Abwesenheit vertreten?
- Haben Sie an besonderen Projekten mitgearbeitet?
- Hat man Ihnen Sonderaufgaben zugewiesen?
- Sind Sie für besondere Themen Ansprechpartner von Kollegen (Software, Produkte, Fachwissen, Branchenwissen, Qualitätsverbesserungen, Kostenreduzierungen)?
- Ist es Ihnen gelungen, neuen Kunden zu gewinnen?
- Konnten Sie Umsätze ausweiten?
- Haben Sie regelmäßig Überstunden geleistet?
- Waren Sie für die Firma aus besonderem Anlass auf Dienstreise?
- Auf welche Erfolge aus der Probezeit sind Sie besonders stolz?

Auch für diesen Fragenkatalog gilt, dass Sie sich zunächst einmal alles vergegenwärtigen sollten, was Sie mittlerweile an ersten beruflichen Erfolgen in der neuen Stelle vorweisen können.

Für das Mitarbeitergespräch gilt ein weiteres Mal die Kunst der Beschränkung: Wählen Sie drei Erfolge aus, die Sie für das anstehende Gespräch für besonders geeignet halten. Bedenken Sie bei Ihrer Auswahl, dass es weniger darum geht, was *Sie* für erfolgreiche Arbeit halten, sondern vor allem darum, was *Ihr Chef* dafür hält. Wählen Sie daher nach Möglichkeit die Erfolge aus, die ihn besonders beeindrucken und mit denen er sich gegebenenfalls gegenüber seinem Chef »schmücken« könnte, und halten Sie sie wieder schriftlich fest.

Die Erfolge der Vergangenheit

- Ihr erster Erfolg in der Probezeit:

  ....

- Ihr zweiter Erfolg in der Probezeit:

  ....

- Ihr dritter Erfolg in der Probezeit:

  ....

Ihr Blick nach vorn

Mit handfesten Belegen dafür, was nun besser als am Anfang der Probezeit läuft, und auch dafür, was Sie an ersten Erfolgen vorweisen können, haben Sie dem Mitarbeitergespräch die richtigen Impulse gegeben. So gelingt es Ihnen, Ihren Vorgesetzten in eine positive Stimmung zu versetzen. Nutzen Sie nun die Gunst der Stunde und richten Sie den Blick nach vorne, um angemessene Forderungen zu stellen.

Dabei kann es für Sie beispielsweise um mehr Geld, also eine Gehaltserhöhung, gehen. Manche Firmen führen die Mitarbeitergespräche am Ende der Probezeit nämlich auch, um die weitere Gehaltsentwicklung mit Ihnen durchzusprechen. Erkundigen Sie sich daher bereits im Vorfeld bei Kolleginnen und Kollegen, ob und was an Gehaltssteigerungen in der Firma am Ende der Probezeit üblich ist.

Wenn Sie zu der Einschätzung kommen, dass eine Gehaltserhöhung im Moment schwer durchzusetzen ist, könnten Sie Ihr Interesse an der Übernahme zusätzlicher Aufgaben im Tagesgeschäft äußern. Vielleicht gibt es auch Sonderaufgaben, die Sie übernehmen könnten, oder Projektgruppen, in denen Sie mitarbeiten möchten. Dieses zusätzliche Engagement sollten Sie dann mit der Bitte um eine moderate Gehaltserhöhung koppeln. Denn warum sollen Sie künftig mehr leisten, ohne dafür eine Gegenleistung der Firma zu erhalten?

Für viele Mitarbeiter sind direkte Gehaltserhöhungen aber nur eine Möglichkeit von vielen. Genauso interessant kann es sein, spezielle Weiterbildungen oder Seminarbesuche zu vereinbaren, wobei die Kosten dafür von der Firma übernommen werden sollten.

Taktisch gesehen sind derartige Forderungen von doppeltem Vorteil für Sie. Zum einen stellen Sie sich als lernbereit dar und signalisieren unmissverständlich, dass Sie sich weiterentwickeln möchten, und zum anderen bauen Sie Ihr berufliches Profil stärker aus. Ihr Arbeitgeber könnte dies in der weiteren Zukunft dann damit honorieren, dass er Ihnen eine verantwortungsvollere Position anbietet. Der Gehaltssprung, der in dieser Situation dann für Sie ansteht, dürfte wesentlich deutlicher ausfallen als der, auf den Sie zum Ende der Probezeit zugunsten Ihres Wunsches nach Weiterbildung verzichtet haben.

Überlegen Sie sich nun, welche Wünsche Sie an Ihren Arbeitgeber haben. Die folgenden Fragen in unserer Übersicht *Meine Wünsche an den Arbeitgeber* erleichtern Ihnen, Ihre Wünsche näher einzugrenzen.

Meine Wünsche an den Arbeitgeber

- Möchte ich zusätzliche Aufgaben im Tagesgeschäft übernehmen?
- Bin ich an der Übernahme von Sonderaufgaben interessiert?
- Möchte ich meine Erfahrungen in Projektgruppen einbringen?

- Ist mir die Mitarbeit in abteilungsübergreifenden Arbeitsgruppen wichtig?
- Gibt es Weiterbildungen zu branchenspezifischen Themen, die mich weiterbringen könnten?
- Sollte ich noch spezielle EDV-Kurse (PowerPoint, Excel, Access, SAP R/3) belegen?
- Möchte ich gerne Seminare zu Themen aus dem Soft-Skill-Bereich (Rhetorik, Verhandlungsführung, Konfliktlösung, Führung) besuchen?
- Wünsche ich mir eine bessere Ausstattung des Arbeitsplatzes (Laptop, Beamer, Internetanschluss, Firmenhandy)?
- Sind mir freiwillige Leistungen der Altersvorsorge wichtig?
- Möchte ich einen Gehaltssprung machen?

Mit den Wünschen an den Arbeitgeber ist es wie mit den Wünschen an Geburtstagen: Alles, was man sich wünscht, wird man nicht bekommen, aber man sollte immer vorbereitet sein, wenn die Frage »Was wünschst du dir denn?« gestellt wird. Bringen Sie Ihre drei wichtigsten Wünsche an den Arbeitgeber in eine Rangfolge, und halten Sie sie schriftlich fest. Ordnen Sie Ihre Wünsche so an, dass sie Ihren größten Wunsch zuerst äußern, bei Einwänden aber immer noch auf Wunsch zwei oder drei ausweichen können.

Meine wichtigsten beruflichen Wünsche

- Mein erster beruflicher Wunsch:

  . . . .

- Mein zweiter beruflicher Wunsch:

  . . . .

- Mein dritter beruflicher Wunsch:

  ....

Für Ihr Mitarbeitergespräch am Ende der Probezeit sind Sie nun hervorragend vorbereitet. Betreiben Sie in diesem Gespräch aktives Selbstmarketing, so wie wir es Ihnen vorgestellt haben. Zeigen Sie sich als aktiver Problemlöser, der sich neuen Herausforderungen stellt und bereit ist, sich für die Firma auch in Zukunft zu engagieren.

▶ **Das sollten Sie sich merken:** Ihre berufliche Weiterentwicklung in der Firma hängt zu einem großen Teil davon ab, wie Sie sich selbst einschätzen. Nutzen Sie das Mitarbeitergespräch am Ende der Probezeit, um deutlich zu machen, dass Sie gerne in der Firma arbeiten und dass auch künftig von Ihnen viel zu erwarten ist.

Wenn es in Ihrer Firma nicht üblich ist, am Ende der Probezeit Abschlussgespräche mit neuen Mitarbeitern zu führen, sollten Sie selbst die Initiative ergreifen. Bitten Sie Ihren Vorgesetzten um ein ausführliches Feedbackgespräch. Bereiten Sie dieses Gespräch dann ebenfalls mithilfe der vorgestellten Strategien und Tipps vor.

Überzeugen in der Probezeit

Ihr Coachingprogramm in Sachen Probezeit liegt nun hinter Ihnen. Wir haben Sie mit den typischen Hürden, größten Fallen und gemeinsten Fallstricken vertraut gemacht und erläutert, was Sie tun können, um diese Herausforderungen zu meistern.

Die Probezeit ist nur in den seltensten Fällen ein Selbstläufer. Sie werden mehr Erfolg haben, wenn Sie von sich aus daran arbeiten, sich gut in das neue Umfeld zu integrieren. Diese erhöhten Anstrengungen kosten zwar einiges an Aufwand und Zeit, aber mittelfristig wird es sich für Sie auszahlen. Schließlich wollen Sie nicht nur die Probezeit überstehen, sondern schon von Anfang an die richtigen Weichenstellungen für die folgenden Arbeitsjahre vornehmen.

Die Integration in eine neue Firma ist heute schwieriger denn je. Das liegt daran, dass Arbeitsaufgaben immer komplexer und die Abstimmungsprozesse mit anderen immer aufwändiger geworden sind. Es reicht nicht mehr, sich in sein stilles Kämmerlein zurückzuziehen und ausschließlich fachlich überzeugen zu wollen. Dafür sind die Ansprüche, die Chefs, Kollegen und Mitarbeiter aus anderen Abteilungen an Sie stellen, zu unterschiedlich und vielschichtig. Es ist gar nicht so einfach zu unterscheiden, welche Ansprüche an Sie berechtigt sind und welche nicht. Stärken Sie von Anfang an Ihre Position, indem Sie sich mit einer aktiven Integrationsarbeit Anerkennung verschaffen.

Wir wünschen Ihnen viel Erfolg im neuen Job!

Christian Püttjer und *Uwe Schnierda*

Register

Wir sind für Sie da

Püttjer & Schnierda: Coaching und Beratung

Unsere Angebote:

- Entwicklung von Bewerbungsstrategien
- Bewerbungsmappen-Check
- Vorbereitung auf Vorstellungsgespräche
- Assessment-Center-Intensivtraining
- Karriereplanung
- Führungskräfte-Coaching

Preise und weitere Details zu den einzelnen Beratungsmodulen finden Sie im Internet unter www.karriereakademie.de

Püttjer & Schnierda
Raiffeisenstraße 26
24796 Bredenbek/Naturpark Westensee

Telefon (04334) 183787
Fax (04334) 183790
E-Mail team@karriereakademie.de

Das Arbeitszeugnis mit Profil
Herbst 2005 · Ca. 160 Seiten
ISBN 3-593-37786-1

Starthilfe oder Stolperstein

Arbeitszeugnisse sind ein wichtiger Bestandteil der perfekten Bewerbung, aber für Bewerber meist ein großer Unsicherheitsfaktor – denn wer weiß schon, was sich wirklich hinter den freundlichen Worten verbirgt! Püttjer & Schnierda bieten verlässliche Hilfestellung beim Schreiben und Prüfen des eigenen Zeugnisses.

Die ganze Auswahl der Bewerbungsratgeber von Püttjer & Schnierda finden Sie auf www.campus.de

Gerne schicken wir Ihnen aktuelle Prospekte:
vertrieb@campus.de · www.campus.de

campus
Frankfurt / New York

Gewusst wie – mit Bewerbung compact

- **Von der Schule zum Ausbildungsplatz**
  2005 · 127 Seiten
  ISBN 3-593-37652-0

- **Assessment Center**
  2005 · 124 Seiten
  ISBN 3-593-37548-6

- **Vorstellungsgespräch**
  2004 · 135 Seiten
  ISBN 3-593-37535-4

- **Schriftliche Bewerbung**
  2004 · 122 Seiten
  ISBN 3-593-37534-6

- **Initiativbewerbung**
  2004 · 124 Seiten
  ISBN 3-593-37533-8

- **Per Telefon zum neuen Job**
  2004 · 128 Seiten
  ISBN 3-593-37532-X

Gerne schicken wir Ihnen aktuelle Prospekte:
vertrieb@campus.de · www.campus.de

campus
Frankfurt / New York

Zeigen Sie, was Sie können
2003 · 202 Seiten
ISBN 3-593-37217-7

Marketing in eigener Sache

Analysieren Sie mit Püttjer & Schnierda Ihre Stärken und entwickeln Sie mit dem Wissen um Ihr spezielles Profil Ihren persönlichen Marketingplan.

»Was das Buch auszeichnet, ist die Systematik, mit der die Autoren den Leser Schritt für Schritt bei seiner Selbst-PR begleiten.« Die Zeit

Die ganze Auswahl der Bewerbungsratgeber von Püttjer & Schnierda finden Sie auf www.campus.de

Gerne schicken wir Ihnen aktuelle Prospekte:
vertrieb@campus.de · www.campus.de

campus
Frankfurt / New York

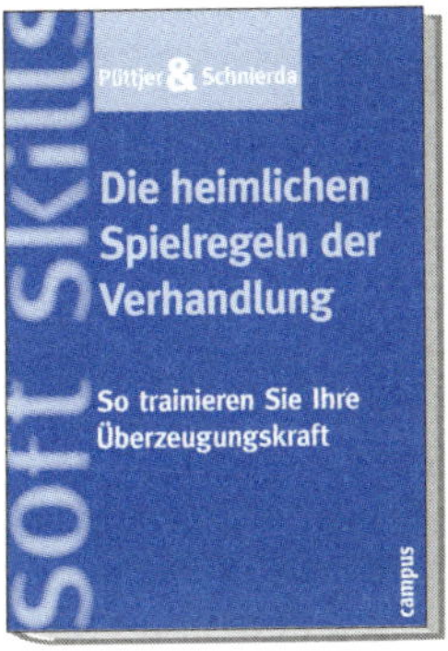

Die heimlichen Spielregeln der Verhandlung
2002 · 181 Seiten
ISBN 3-593-37072-7

Voran mit Profiwissen

Verhandlungsgeschick ist für beruflichen Erfolg unerlässlich. Aber neben der Sachebene ist auch die psychologische Ebene von Bedeutung. Lernen Sie hier, die Strategien Ihrer Verhandlungspartner zu durchschauen.

»Lesefreundlich, unterhaltsam und fundiert.«
Hamburger Abendblatt

Die ganze Auswahl der Bewerbungsratgeber von Püttjer & Schnierda finden Sie auf www.campus.de

Gerne schicken wir Ihnen aktuelle Prospekte:
vertrieb@campus.de · www.campus.de

campus
Frankfurt / New York

IBT / Katharina Dietze
Mit PEP an die Arbeit
8. Auflage, 2005 · 338 Seiten
ISBN 3-593-37646-6

Der Klassiker in neuer Bearbeitung

Zeit ist im Arbeitsalltag die kostbarste Ressource . Wie man sie möglichst sinnvoll nutzt, zeigt das erprobte »Persönliche Effektivitäts Programm« (PEP) zur Effizienzsteigerung. Erfahren Sie, wie man im Joballtag Prioritäten setzt, den Schreibtisch in Ordnung hält, sinnvoll plant und sich Zeit sparende Routinen aufbaut.

»Der Ratgeber enthält die geballte Ladung für eine bessere Selbstorganisation.« Brigitte

Gerne schicken wir Ihnen aktuelle Prospekte:
vertrieb@campus.de · www.campus.de

campus
Frankfurt / New York